AF474915

QUATRE
PROMENADES
DANS LA FORÊT
DE
FONTAINEBLEAU.

QUATRE PROMENADES

DANS LA FORÊT DE FONTAINEBLEAU,

OU

DESCRIPTION PHYSIQUE ET TOPOGRAPHIQUE DE CETTE FORÊT ROYALE,

PAR

E. Jamin,

AUTEUR DE DEUX NOTICES HISTORIQUES ET DESCRIPTIVES SUR FONTAINEBLEAU ET SON PALAIS.

FONTAINEBLEAU,
CHEZ H. RABOTIN, LIBRAIRE-ÉDITEUR,
GRANDE-RUE, 56, PRÈS DE LA MAIRIE.

1837.

FONTAINEBLEAU, IMP. DE E. JACQUIN.

A M. Durand,

MENUISIER A FONTAINEBLEAU.

Monsieur,

C'est à vous, chantre inspiré des Muses, qu'il appartenait de décrire, sous toutes ses faces et avec toutes ses couleurs, la royale forêt de Fontainebleau. Vous l'avez fait aux applaudissemens des gens de goût. Loin de moi, humble prosateur, la pensée d'entrer en lice avec le poète dont notre cité s'honore. Je n'ambitionne d'autre mérite que celui de servir de guide au promeneur, dans cette forêt que vous lui avez appris à aimer. A vous l'honneur de la peindre! à moi le soin modeste d'y conduire pas à pas ses admirateurs et les vôtres. Je ne me propose que de leur enseigner l'usage de votre poème. Votre ouvrage à la main, j'en ai tracé l'itinéraire, dont je vous prie d'accepter la dédicace, comme un faible témoignage de ma haute estime pour votre talent.

Votre affectionné serviteur.

E. JAMIN.

Fontainebleau, 22 mai 1837.

Réponse de M. Durand.

MONSIEUR,

L'ouvrage que vous publiez et que vous me faites l'honneur de m'offrir fut un projet longtemps rêvé par moi; je ne puis donc qu'être extrêmement flatté de ce témoignage de votre considération.

J'ai souvent recherché la cause de l'indifférence de mes compatriotes pour leur belle forêt, monument des premiers âges du monde!.. et à force d'y rêver, j'ai vu que l'habitude désenchantait des merveilles.... Puisqu'il est des hommes qui contemplent le ciel sans émotion, faut-il s'étonner qu'une antique forêt ne les puisse émouvoir?

Cependant votre ouvrage, monsieur, ne peut manquer de plaire aux habitans de Fontainebleau et d'intéresser une foule de personnes qui aiment la solitude et la rêverie, et pour qui la contemplation d'un beau site est une source d'inépuisables jouissances. En effet :

Soit qu'au trône élevé, le monarque du jour
Embrase de ses feux le terrestre séjour;
Soit que la lune, triste et nébuleux fantôme,
Visite les sujets de son pâle royaume;

On aime à contempler tous ces grands *végétaux*,
Silencieux vieillards qui peuplent nos coteaux;
Géants aux mille bras, dont la tête élancée
Semble appeler au ciel les yeux et la pensée.
Là se groupe le *houx* au feuillage épineux;
Là se courbe en serpent l'*érable* au tronc noueux;
Là brillent et le *hêtre*, aimé de la peinture,
Et le haut *peuplier*, colonne de verdure,
Et le *tremble* mouvant, et le *charme* si vert,
Le *chêne*, le *mélèze* et le *pin* du désert.
Quelle variété! quel brillant assemblage
d'arbres et de rochers, de sables et d'ombrage!
Avançons : ce sommet, sauvage ou gracieux,
Aura d'autres tableaux pour notre ame et nos yeux.

En effet, suis-je ici dans le séjour des ombres?
Ravins, champs dévastés, rocs et cavernes sombres,
Répondez. Êtes-vous une œuvre des démons?
Pourtant, que cet air pur qui flotte sur vos monts
Est doux à respirer! qu'avec joie on s'élance
Dans ces vastes rochers, protecteurs du silence!
Il semble qu'un Esprit les hante, et que, parfois,
Il mêle au bruit des vents son angélique voix.

Passez-moi, je vous prie, monsieur, cette bordée de vers en faveur du sujet que vous avez décrit, sujet qui plaît à mon imagination et fait toujours vibrer chez moi la fibre poétique. Dans tous les temps, d'ailleurs, les forêts ont été l'objet d'une religieuse vénération. Aimons-les donc, ces forêts, et hâtons-nous d'en jouir; car elles disparaissent successivement de la surface du globe; il y a 40 ans qu'elles couvraient encore la sixième partie de la France, qui a perdu avec elles ses plus belles parures : j'ai du moins la confiance que la nôtre ne périra jamais.

Vivez comme moi, monsieur, dans l'espérance de son immortalité, et veuillez me croire

Votre tout dévoué serviteur,

A. DURAND,

Menuisier à Fontainebleau.

Fontainebleau, 25 mai 1837.

Sombres rochers d'Avon, pins dont le triste ombrage
Couronne, en jaunissant, ma retraite sauvage,
Seul, dans votre désert que j'aime à m'égarer!
Que je suis bien ici! . . . .

(E. DE PR . . . L.)

Qui pourrait nier l'influence des forêts sur l'imagination de l'homme? Quel est parmi nous l'être penseur qui, en parcourant les bois, n'a point éprouvé quelque douce sensation portant à l'ame et arrivant à propos pour changer la tristesse en douce mélancolie, ou faire évanouir un château en Espagne dont la chimère égarait la pensée? Le souffle du vent, qui balance doucement les arbres, le bruit léger du feuillage en mouvement, le doux murmure des eaux qui s'échappent à travers les cavités d'une roche, la musique harmonieuse des oiseaux, les chants joyeux d'une timide bergère; tout, jusqu'au croassement des corneilles, jusqu'aux cris lugubres du hibou, concourt à donner aux forêts quelque chose d'animé qui plaît, enchante et excite à rechercher souvent les mêmes émotions.

Cette poésie mystérieuse, que l'on ne trouve réellement que dans la profondeur des bois, dans les sombres réduits d'une futaie épaisse et ombragée, on ne la peut plus saisir aujourd'hui dans nos forêts. Des routes régulières tirées au cordeau, en ont fait autant de promenades, telles que l'on en voit autour de nos grandes villes. Nous n'avons plus en France ce que Buffon appelait avec tant de justesse des *forêts vierges*. L'homme n'a pas trouvé cette virginité de son goût; il a cru mieux faire en symétrisant des choses qui, pour être belles, devaient rester dans l'état de nature. Mais sa main, si habile et si laborieuse qu'elle soit, n'a pu parvenir encore à ôter à la plupart de nos bois cet aspect agreste et sauvage qui en fait le beau idéal. Il eût été obligé d'aplanir des collines, d'enlever des masses de roches, de faire disparaître des inégalités, enfin, d'exécuter de vastes travaux que des populations entières ne pourraient venir à bout de terminer, même dans une longue série de siècles.

La forêt de Fontainebleau a cela de particulier et de remarquable, que, quoique percée d'un grand nombre de routes, elle a conservé ce caractère virginal, cette physionomie naturelle qui en fait la première forêt de France, non que son sol soit productif, mais parce qu'elle offre à l'œil étonné des contrastes sans nombre dans ses sites, même les plus rapprochés. Nous allons essayer de les décrire.

Un autre avant nous, riche d'inspirations et de poésie, s'est élevé jusqu'à la hauteur d'un si vaste sujet, dans un poème en quatre chants, publié à Fontainebleau, en 1836. Il y aurait témérité de venir après lui : aussi, telle n'est point notre pensée. Nous avons un but tout différent : initier le lecteur à la connaissance des lieux, y diriger ses pas; voilà notre affaire. Arrivé là, qu'il ouvre le livre du chantre de la forêt de Fontainebleau, elle lui apparaîtra à coup sûr plus grande, plus belle et plus majestueuse à la fois. Des sensations de nature différente viendront assaillir son imagination, en sorte qu'il aura peine à décider lequel du poète ou du lieu qu'il contemple, lui fait le plus de plaisir et a pour lui le plus d'attraits.

Mais une tâche pareille est beaucoup au-dessus de nos forces : semblable au chien de l'aveugle, nous n'avons qu'une chose à faire, c'est de conduire, de diriger le curieux vers les endroits les plus remarquables de cette vaste forêt, et de lui épargner l'ennui de faire des recherches fatigantes, ou de se perdre peut-être dans ce dédale de routes qui se croisent et semblent se multiplier à l'infini. Voilà pourquoi nous avons intitulé cet opuscule, *Quatre Promenades dans la forêt de Fontainebleau*, en supposant, avec quelque raison, qu'il faut au moins quatre journées pour la parcourir et pour en visiter les points les plus remarquables, les sites les plus variés, les montagnes les plus agrestes, les coteaux les plus riches, les plus riantes vallées. Puissions-nous voir nos efforts couronnés de succès, et ce petit livre accueilli avec toute l'indulgence qui a accompagné nos précédentes publications sur la ville et le palais de Fontainebleau.

DESCRIPTION PHYSIQUE.

De toutes les forêts, en France, il n'en est pas assurément de plus intéressante, sous beaucoup de points de vue, que celle de Fontainebleau. Primitivement elle portait le nom de Bière (*Bieria*); elle le tenait du canton du Gâtinais, où elle se trouvait située : son étendue, alors, devait être bien plus considérable qu'aujourd'hui, car il est probable qu'elle se prolongeait même au-delà de Nemours, si l'on en juge par le nom de cette ville, plus ancienne que Fontainebleau, d'un siècle au moins.

Le vaste espace que couvre encore de nos jours la forêt de Fontainebleau, est, de distance en distance, interrompu par des gorges que forment deux chaines de montagnes, dont l'une présente à sa surface un mélange de pierres calcaires, de sable et de terre entièrement appauvrie; l'autre offre à la vue, des blocs de grès épars et quelquefois entassés les uns sur les autres. Ces montagnes et ces rochers paraissent également avoir leur direction d'occident en orient, et presque toujours ils se suivent en lignes droites et parallèles, quoique très souvent interrompues.

Ces gorges, dans les parties élevées de la forêt, sont d'abord d'une largeur assez considérable, mais elles se rétrécissent à mesure que l'on avance vers le nord : on remarque néanmoins de distance en distance des inégalités, et par conséquent des intervalles plus grands ou plus étroits. Dans certains endroits, deux gorges opposées se réunissent et forment alors des montagnes et des rochers isolés. Enfin, toute la superficie de la forêt de Fontainebleau est découpée en une infinité de parties, toutes présentant un aspect différent les unes des autres.

A la vue de ces roches entassées sur

différens points, ou jetés çà et là sur une aussi vaste étendue de terrain, on ne sait à quoi attribuer une semblable disposition, et la première idée qui vient à l'inspection des lieux, c'est qu'elles n'ont pas toujours été dans le même état. Rien ne semble plus rationnel que cette manière de juger tout d'abord; et comme, dans ce monde, chaque objet tend à sa destruction, il est facile de s'apercevoir que les masses de grès les plus considérables ont été d'une dimension bien supérieure. Deux choses contribuent à en diminuer le volume; d'un côté, l'influence combinée de l'humidité atmosphérique et du soleil qui les détruit insensiblement; d'un autre côté, l'intempérie des saisons, les orages, et par suite l'entraînement des sables dans les parties basses; diminution au reste si peu sensible, que nos yeux ne peuvent en être frappés.

Souvent, sur le sommet des parties les plus élevées de la forêt, on trouve des plaines plus ou moins étendues, couvertes d'un gazon languissant, au milieu duquel on aperçoit çà et là des *têtes* de rocs noircies par le temps, et qui ne font saillie que de quelques pouces sur le sol. Ce sont des bancs de rochers recouverts de quelque peu de terre presque toujours d'une couleur noirâtre, sans corps, sans suc, et par conséquent improductive. Ces endroits que l'on nomme *platières*, mot de convention, indiquant la forme du terrain, se rencontrent souvent dans la forêt de Fontainebleau. Les rochers qui se développent dans ces parties de la forêt, peuvent être considérés comme des *rocs primitifs*, que le temps et la main de l'homme découvriront à leur tour et amèneront au même point que les autres.

La matière qui soutient ces bancs de rochers est partout la même : ce sont des sables très secs que l'on retrouve à une très grande profondeur dans les montagnes, et souvent au-dessous du niveau des gorges les plus basses. Ces bancs de sable, on les a découverts à plus de 100 pieds en creusant des puits dans les villages de Recloses, Ury et la Chapelle-la-Reine. Une chose remarquable et qui a fait le sujet de l'investigation des savans, c'est que, dans une forêt d'une étendue aussi vaste que celle de Fontainebleau, que tant de gorges, tant de vallées coupent dans tous les sens, on ne trouve pas la moindre fontaine, (1) si pourtant l'on en excepte celle qui a donné son nom à la ville, encore est-elle de peu d'importance, puisqu'elle ne fournit que quelques pouces d'eau, et qu'après quinze jours de sécheresse elle est entièrement tarie. Ceux qui se sont occupés de ces recherches en ont conclu que tout ce continent, d'environ seize lieues carrées, repose sur des sables très profonds qui absorbent les eaux, de manière que, ne rencontrant nulle part de résistance, elles n'ont pu se rassembler dans aucun réservoir.

Ce n'est pas seulement dans la forêt de Fontainebleau qu'on rencontre des rochers renfermés dans le sein de la terre, ou formant des masses entassées, nues et d'une grande élévation, on en trouve dans les plaines de Milly, de Chailly, de Fleury, villages éloignés de deux et de quatre lieues; et, en poussant plus loin, on en voit dans les environs d'Etampes et d'Arpajon. Mais, si l'on veut en suivre bien distinctement la trace, il faut partir du village de Recloses, marcher à peu près en ligne droite dans la direction de Nemours : on en aperçoit à droite et à gauche ; mais là, il semble qu'il y a eu réunion, car, près du village de Saint-Pierre, une montagne de grès, au moins aussi remarquable que celle que l'on admire le plus dans la forêt de Fontainebleau, se montre de loin à l'œil du voyageur.

L'existence de ces bancs de grès est aussi ancienne que celle du globe terrestre. Jusqu'à présent on n'y a découvert aucune pétrification. Si par fois il est arrivé aux curieux d'en rencontrer, on ne peut en inférer qu'elles faisaient corps avec la roche : c'est une composition à part ; ce sont des morceaux de bois qui, enfoncés dans le sable, ont été pénétrés par l'eau, qui y a amené des particules presque imperceptibles de ce sable, lesquelles se sont groupées dans les pores du bois, et ont fait corps avec lui par leur liaison avec la partie fibreuse qu'il renferme.

A une lieue environ de Fontainebleau, à droite de la route en allant à Paris, on trouve un rocher extrêmement curieux par ses cristallisations :

c'est le rocher Saint-Germain. La surface en est plane et recouverte d'une terre sablonneuse un peu calcaire. Ce rocher, avant qu'il eût été exploré par les curieux et les amateurs, présentait dans la moitié de sa longueur plusieurs excavations offrant une cristallisation constante en rhomboïdes, dans lesquelles se trouve un sable très fin, d'une blancheur si claire et si brillante, que quand il est réfléchi par les rayons du soleil, la vue se trouble et ne peut s'y arrêter. Ce sable est toujours humide, et cependant on n'a remarqué jusqu'à présent aucune infiltration d'eau qui puisse indiquer la cause de l'humidité permanente qui lui est propre.

A la surface de ce rocher, exposé au contact de l'air, au lieu de figures rhomboïdes, on rencontre à chaque pas des cristallisations de forme presque ronde, parce que les angles en ont été usés par l'air, l'eau et la pluie.

Dans l'autre moitié du rocher Saint-Germain, dont la superficie est dure, l'infiltration des eaux a produit des oxides de fer de nuances diverses, que l'on prendrait pour de petites peintures.

Au-dessous de cette partie du rocher, on pourrait établir des habitations. Là sont des espèces de caves plus ou moins vastes, dont les voûtes, garnies de stalactites, présentent l'aspect le plus pittoresque; la nature de ces concrétions pierreuses semble être la même que celle des cristaux rhomboïdes, mais la forme en est différente, puisqu'elles sont le résultat de l'infiltration des eaux pluviales.

Ce rocher, autrefois si remarquable, a subi, comme tous ceux de la forêt de Fontainebleau, les changemens que l'intempérie des saisons et surtout le temps, ce grand destructeur, apportent dans toutes les choses d'ici-bas : la main de l'homme a contribué pour beaucoup aussi à sa destruction. Des pays les plus éloignés on voulait voir le rocher Saint-Germain ; chacun tenait à en rapporter un souvenir, et il n'est pas un musée d'histoire naturelle en France et en Angleterre qui ne possède une collection des cristalisations qui en ont été tirées, souvent avec beaucoup de peine et à grands frais.

« Les cristaux du rocher Saint-
» Germain, dit M. Paillet, sont de
» même nature que le grès et aussi
» durs : ils sont composés d'une infinité
» de parallélipipèdes obliquangles, tous
» de la même forme, mais de diverses
» grosseurs. Dans les uns ils sont pres-
» que détachés, dans d'autres on ne
» voit pour ainsi dire qu'une face de
» chacun ; mais les arêtes et souvent
» les angles sont bien nets et bien dis-
» tincts. Ces morceaux que l'on trouve
» dans les fentes d'un banc de grès, au
» milieu d'un sable très fin et très pur,
» forment des groupes de différentes
» figures plus ou moins remarquables,
» *plus ou moins belles.* »

Il n'est pas rare de trouver dans la forêt de Fontainebleau et isolément, surtout sur les bancs de sable, d'autres cristaux d'une nature tout-à-fait différente, ayant pour la plupart moins de corps que ceux du rocher Saint-Germain : il y en a même de tellement friables, qu'ils s'égrènent en les pressant entre les doigts. Des expériences faites par des savans qui ont soumis à l'analyse ces cristaux de natures diverses, ont fait connaître que cette circonstance tenait au plus ou moins de chaux carbonatée quartzifère dont ils sont généralement composés : c'est une substance particulière au sol de la forêt et que l'on trouve partout où il y a du grès.

Au rocher Saint-Germain, ainsi que dans presque toutes les autres parties de la forêt, sont entassées et jetées comme au hasard des masses de grès de nature et de formes différentes. A côté de cela, à des intervalles plus ou moins rapprochés, des rochers épars s'élevant à une grande hauteur au-dessus du sol, font de ce lieu l'un des plus pittoresques qu'on puisse rencontrer.

En résumé, dans l'origine, toutes ces montagnes de grès, ces roches éparses que nous voyons découvertes et nues, et qui nous semblent autant de géants, ont dû être enterrées et recouvertes d'une épaisseur de terre végétale suffisante pour la nourriture des plantes; car l'esprit se refuse à croire que le Créateur, dans sa haute sagesse, ait voulu rien faire d'inutile. On peut donc conclure de leur état actuel, qu'il est le résultat des dégradations du temps, et par conséquent du déplacement insensible, mais réel, des divers objets qui font partie du globe terrestre.

En voilà assez sur les rochers de la forêt de Fontainebleau : passons maintenant à la nature de son sol, et tâchons de faire connaître les diverses essences de terre ou de sable mélangé qui le composent.

En général le terrain, dans cette vaste forêt, est très médiocre; il existe cependant des différences marquées, même d'un canton à un autre. A côté de futaies magnifiques, on voyait autrefois des plaines entières couvertes de genevriers et de bruyères; aujourd'hui que le système des plantations a prévalu, que des essais nombreux ont été faits, des plants d'essences diverses ont été introduits (et parmi eux on doit citer le pin, comme ayant le mieux réussi et offrant des résultats avantageux), on est obligé de convenir qu'il y a amélioration.

Souvent, au milieu de la plus riche futaie, se trouvent des vides dans lesquels jamais peut-être arbre ni plante n'a végété ; cela tient à une cause bien naturelle et que nous avons déjà expliquée : c'est que là il y a des bancs de rochers presqu'à fleur de terre, et que le sol est physiquement hors d'état de pouvoir produire. Dans d'autres endroits s'élèvent souvent à perte de vue des arbres qui n'eussent pas eu une plus forte croissance dans les meilleurs terrains ; ils sont épars et pour ainsi dire semés au milieu des ronces, des genevriers et des bruyères ; mais ce qui étonne le plus, c'est de voir des rochers tout-à-fait nus entourés de chênes, de hêtres, et surtout de bouleaux dont ces troncs blancs se détachent agréablement sur le gris sombre et bleuâtre du grès, couleur qui lui est à peu près naturelle dans la forêt de Fontainebleau. Une espèce de phénomène digne de remarque, c'est qu'il n'est pas rare de rencontrer des arbres très élancés, pleins de vie, plantés sur le sommet d'une roche; leurs racines descendent en festons autour d'elle pour aller tirer de la terre le suc et la nourriture nécessaires à leur existence.

La fécondité ou la stérilité du terrain sont choses faciles à calculer en l'examinant de près, ou, si l'on veut, en le soumettant à une analyse raisonnée. A la surface, c'est une terre noire, mais légère, qui paraît n'être que le produit des feuilles ou des bruyères. C'est une espèce de terreau qui finit par faire corps avec le sable jaune ou rougeâtre dont la forêt abonde : ce sable, ainsi mélangé, est très propre à la végétation des essences résineuses, car il est à remarquer que le chêne et les autres arbres *feuillus* plantés dans les parties ou la terre de bruyère domine n'ont jamais eu une bonne réussite et sont toujours rabougris. Dans certains endroits de la forêt, et plus particulièrement dans les vallées ou plaines basses, il y a des couches continues ne se composant que de grève ou de pierrailles. Là, les arbres feuillus réussissent un peu mieux, mais leur végétation est lente et pénible, parce qu'elle est continuellement arrêtée par les froids et les gelées. De tout ceci on doit conclure qu'il faut une étude longue, raisonnée et tout-à-fait spéciale pour savoir discerner les essences qui peuvent convenir à tel ou tel terrain : c'est un travail de tous les jours, dont le fruit résulte de l'expérience; voilà pourquoi il est plus difficile qu'on ne pense de parvenir à faire ce qu'on appelle un bon forestier.

Après avoir jeté en passant un coup-d'œil rapide sur la nature du terrain de la forêt de Fontainebleau, arrivons à ses productions végétales les plus marquantes, et commençons-en l'énumération par l'arbre le plus recherché, en même temps que c'est celui qui a le plus de valeur.

Le chêne (*quercus*), le plus commun et qui fait le plus d'honneur à cette forêt, dont le produit est peu de chose eu égard à son étendue, est l'arbre qui, dans certains endroits, réussit le mieux et parvient à une grosseur et une hauteur peu communes. Sous l'ancien régime, il y avait de magnifiques futaies presqu'entièrement composées de chênes. Nos rois, et Louis XIV surtout, les respectaient au point de sacrifier à la conservation d'un seul arbre, les agrémens et avantages que procurent pour les chasses des routes percées en droite ligne. Mais, à l'époque de la révolution, au milieu d'une conflagration générale ou tout fut déplacé, chaque objet reçut plus ou moins l'impression du choc des passions et des intérêts. La forêt de Fontainebleau en a été une preuve : il semble qu'on ait voulu la punir de la conservation d'un palais qu'elle ceint de tous côtés et dont elle est la véritable couronne. A la vérité, il faut bien que chaque chose ait son terme ; mais il faut aussi le reculer le plus qu'on peut, et comme il n'y a rien de plus majestueux que ces grands arbres dont la cime semble menacer le ciel, il faut tâcher de conserver les belles futaies qui ne sont point encore arrivées à la dernière décrépitude : c'est ce qu'on n'a pas fait alors ; la cognée a passé partout et y a laissé des traces long-temps visibles, puisque les espaces vides les ont apportées jusqu'à nous : ils se couvrent, et dans peu d'années cette forêt de pittoresque ne sera plus qu'un vaste bouquet qui constatera les efforts d'une administration réparatrice pour faire oublier le vandalisme révolutionnaire.

Mais revenons au chêne, et disons un mot sur l'usage auquel est généralement destiné celui qui croît dans la forêt de Fontainebleau; il est de deux qualités bien distinctes : dans les très vieilles futaies qui ont de trois à cinq cents ans, sa nature est grasse et par conséquent il est peu propre à la charpente : aussi ne l'emploie-t-on ordinairement que dans la menuiserie, la boissellerie et pour faire des lattes ainsi que des échalas. Dans les jeunes futaies de cent à cent cinquante ans, il est d'une qualité supérieure et peut être avantageusement employé à toute espèce d'usage, au dire des connaisseurs.

Le prince des poètes, l'inimitable Virgile a chanté le chêne, arbre du souverain des dieux. C'est lui qui nous a appris qu'il était consacré à Jupiter, qu'il rendait des oracles, qu'il était d'un bois dur à rameaux écartés, et que dans l'âge d'or on verrait sortir du miel de son écorce.

. . . . Eque sacra resonant examina quercu.
(EGLOG. VII, 13.)

Sicubi magna Jovis antiquo robore quercus
Ingentes tendat ramos. . . . .
(GEORG. III, 332.)

Et duræ quercus sudabunt roscida mella.
(EGLOG IV, 30.)

Sous le nom d'*æsculus* (2), le poète a compris cette essence de chêne qui était très remarquable et fort recherchée en Orient. Sous le titre de *quercus robur*, il a mis en scène un autre chêne dont le corps des charrues était composé, parce que le bois en était plus dur, surtout quand, avant de l'employer, il avait été passé au feu, c'est-à-dire exposé à l'évaporation de la fumée; il servait aussi dans la construction des bâtimens et des monumens, tel que le fameux cheval de Troye, qui fut si funeste à cette ville, et dans la structure duquel il entra pour consolider cette masse gigantesque et imposante.

OEsculus, atque habitæ graiis oracula quercus.

(GEORG. II, 16.)

. . . . . . et inflexi primùm grave robur aratri.

(GEORG. I, 162.

Et suspensa focis explorat robora fumus.
(GEORG. I, 175.)
. . . . cuneis et fissile robur
Scinditor. . . . .
(ÆN. VI, 182.)

2° L'arbre qui vient après le chêne est le hêtre (*fagus sylvatica*). Comme lui il est d'une belle venue et à peu près dans les mêmes proportions; mais, quant à l'usage qu'on peut en faire, la différence entre l'un et l'autre est très grande : celui-ci n'est guère propre qu'à brûler. On sait généralement que les arbres attirent la foudre, le hêtre, au contraire, semblerait avoir la propriété de l'éloigner; et ce qui a contribué à propager cette opinion à Fontainebleau et dans les environs, c'est que tout le monde s'accorde à dire qu'on n'en a jamais trouvé aucun qui en soit frappé, tandis qu'il n'est pas rare de rencontrer des chênes foudroyés : cela tient probablement à sa structure. La tête du hêtre est presque toujours de forme ronde, très garnie de branches et de feuillage, tandis que celle du chêne est élancée en pointe et assez dégarnie. Cette observation populaire (3) peut servir aux personnes surprises par l'orage : si elles veulent se réfugier sous un arbre, elles feront bien de choisir le hêtre de préférence; c'est d'ailleurs un meilleur abri, puisqu'étant plus touffu, il devra mieux les garantir de la pluie.

Le hêtre aussi a été chanté par Virgile. Qui ne se rappelle le premier vers de sa première églogue?

Tityre, tu patulæ recubans sub tegmine fagi,

Et celui de la deuxième?

Tantum inter densas, umbrosa cacumina, fagos.

Puis, dans la troisième, quand il nous apprend que le hêtre peut être taillé au ciseau?

> . . . . pocula ponam
> Fagina, cælatum divini opus Alcimedontis.

Ces passages font bien voir toute la distinction dont le poète romain entourait ce beau *fagus*, si riche en feuillage, qui lui prêtait, dans ses rêveries poétiques, une ombre si pure et si chère.

3° La troisième espèce d'arbre qui croît assez abondamment dans la forêt, c'est le charme (*carpinus betulus*), excellent bois à brûler et d'un bon rapport pour la forêt, car il y vient assez gros et a un branchage très développé. Dans certains cantons il domine et peut faire d'excellens fourrés pour le gibier.

4° Le châtaignier (*fagus castanea*) est peu multiplié dans la forêt de Fontainebleau, parce qu'elle est très accessible à la gelée; cependant il y réussit dans certains endroits, et depuis dix ans on a planté beaucoup plus qu'autrefois, car on en rencontre très peu de vieux.

5° Un arbre qui semble né pour le sol sablonneux et rocailleux, c'est le bouleau (*betula alba*); on en voit partout; il réussit à merveille, même au milieu des roches, et fait un excellent bois de chauffage; il se travaille aussi avec facilité, et on l'emploie très avantageusement pour faire la chaussure si commode et si peu dispendieuse que l'on nomme *sabots*. Les tronçons du bouleau, ceux qui sont les plus rapprochés de la terre, sont recouverts d'une écorce très-épaisse en même temps que très dure, qui diminue en montant et finit presque par ne plus être qu'une espèce de peau blanche dont la couleur contraste d'une manière tout-à-fait pittoresque avec le ton sombre des rochers et le vert lugubre des pins.

6° Il y a dans la forêt de Fontainebleau quelques érables d'une assez belle venue, et de magnifiques tilleuls dans le canton de la Croix du Grand-Veneur, que l'on nomme *tillas*, expression dont l'origine vient du nom de l'arbre qui probablement semble y croître le mieux et y est le plus remarqué.

7° Mais l'essence d'arbres la plus rare autrefois et aujourd'hui la plus répandue partout, c'est le pin (*pinus*) (4). Avant Louis XVI, on n'en voyait que quelques-uns dans un canton non loin du village d'Avon. Sous le règne de ce prince, son médecin, qui s'occupait beaucoup de botanique et avait visité les rives de la Baltique en étudiant le sol qui produit les énormes pins dont ce pays brumeux est couvert, eut l'idée d'en faire un essai à Fontaiebleau. Pour cela il fit venir des plants et des graines en même temps, et en peupla le rocher d'Avon. La réussite fut complète, ainsi qu'on peut en juger par les arbres que l'on y voit aujourd'hui. Depuis lors le pin est devenu l'un des plus nombreux habitans de cette forêt aride dans laquelle il se plaît et croît à vue d'œil. Par ce moyen, les endroits les plus pauvres par la nature du terrain, ceux qui étaient toujours restés nus, sont aujourd'hui couverts d'une verdure perpétuelle, et les rochers les plus agrestes, les plus inaccessibles à la culture, ceux qui paraissaient devoir toujours rester dans un état de nature tout-à-fait sauvage, semblent mariés à des arbres dont l'utilité et le profit sont incontestables.

Et lui aussi, le pin, a obtenu les honneurs de la poésie; Virgile et Horace lui ont consacré des vers..... mais il était rare en Italie : c'était presque un arbre de luxe... Le vers suivant de la VIIe églogue nous l'apprend.

Fraxinus in sylvis pulcherrima, pinus in hortis.

Il entrait dans la construction des navires, et la belle métonymie suivante, tirée de la IVe églogue, ne laisse aucun doute à cet égard.

. . . . nec nautica pinus
Mutabit merces . . . .

Cette épithèthe *nautica*, que Virgile donne au pin, paraît être équivalente à celle de *pontica*, dont s'est servi Horace, et signifie parfaitement que ce bois était largement employé dans la charpente des vaisseaux.

Les arbres à fruit sont clair-semés dans la forêt de Fontainebleau. On y trouve le cormier (*sorbus domestica*), l'alisier ordinaire ou des oiseaux (*cratægus-avia*), et une autre espèce à laquelle on a donné le nom d'alisier de Fontainebleau, parce qu'il paraît exclusivement appartenir à cette forêt. Il a la feuille plus développée que le premier; elle est d'une seule pièce, dentelée, d'un vert foncé à la partie supérieure et blanchâtre au revers. Ses fruits, comme ceux de l'autre, sont d'un beau rouge ; ils viennent par grappes et à plus gros grains; mais ils sont insipides et les oiseaux ne paraissent pas les rechercher avec autant d'avidité. La valeur de son bois passe en même temps pour être bien inférieure à celle de l'alisier ordinaire.

Les sauvageons, tels que pommiers et poiriers, sont assez rares depuis qu'on fait autant de plantations. Autrefois on les laissait pulluler partout, parce que les fruits servaient de nourriture aux sangliers, qui alors étaient nombreux dans la forêt de Fontainebleau. Il était expressément défendu de ramasser ces fruits de même que la faîne et le gland, et il y avait des peines pécuniaires portées contre ceux que l'on prenait en flagrant délit.

Les principaux arbrisseaux que l'on rencontre dans cette forêt sont :

Le néflier (*mespillus germanica*).

Le houx (*ilex aquifolium*).

L'épine blanche et la noire (*prunus sylvestris et mespillus-oxyachanta*).

L'épine vinette (*berberis vulgaris*).

L'amelanchier (*mespillus - amelanchier*), qui croît dans les fentes des rochers et produit de jolies fleurs, que remplacent ensuite des baies noires d'une odeur fade.

Enfin, l'arbrisseau le plus commun, celui que l'on trouve partout, mais plus particulièrement dans les terrains sablonneux, les collines sèches et arides, c'est le genevrier, que Linné nomme *juniprus communis*, et Tournfort *juni-*

perus vulgaris fructicosa. Son fruit est une baie charnue, obronde, couronné de trois petites dents, d'une saveur âcre, un peu amère ; jeté sur des charbons enflammés, il répand une odeur aromatique et douce ; avalé en certaine quantité, il échauffe, altère, augmente le cours des urines et leur donne une odeur de violette. Dans certains pays, et surtout dans le Nord, la baie du genevrier sert à faire une boisson qu'on nomme *genevrette*, dont le peuple fait un grand usage, et qui n'a rien de malfaisant. En Belgique et surtout en Hollande, on distille beaucoup de graines de genièvre, et l'on fait avec le produit de la distillation une liqueur d'une grande renommée.

A Fontainebleau aussi on fait une

liqueur excellente avec l'infusion des graines de genièvre dans de l'eau-de-vie, en y ajoutant une certaine quantité de sucre pour l'édulcorer. Cette liqueur, éminemment stomachique, a reçu des bonnes femmes du pays le nom de *pissat de lapin.*

Enfin, l'on peut regarder le genevrier comme l'arbre le plus ancien de la France. Les Gaules en étaient parsemées avant que les Romains les eussent conquises. Alors, cet arbrisseau, qui semble avoir dégénéré, était un arbre ordinaire, s'élevant à une hauteur assez considérable, et que l'on employait dans la construction des cabanes servant de maisons, d'abris et de réfuge à la population agreste et sauvage qui couvrait le sol de notre belle France d'aujourd'hui.

Dans la forêt de Fontainebleau, on trouve encore quelques genevriers d'une assez belle taille pour qu'on puisse les employer dans la menuiserie et l'ébénisterie. L'inspecteur actuel, M. Marrier de Boisd'hyver, en a fait un essai qui a parfaitement réussi. On voit chez lui une commode et un secrétaire en genevrier, qui ne le cèdent en rien aux plus beaux meubles d'acajou étalés dans les boutiques les mieux approvisionnées de Paris; et on peut dire que les veines naturelles de ce bois sont si bien disposées, qu'il est le seul jusqu'à présent en France, dont les nuances diverses se rapprochent le plus de celles des bois étrangers les plus recherchés.

Le genevrier ne pouvait non plus être oublié par le chantre des bergers et des bois.

Dans un vers de la VIIe églogue, il lui donne place et l'indique de cette manière :

Stant et juniperi, et castaneæ hirsutæ. . . . .

Et dans la Xe, il le cite comme un arbre malsain dont on doit fuir le voisinage et l'ombre, à cause de l'odeur forte qu'il exhale :

Juniperi gravis umbra. . . . .

La forêt de Fontainebleau est riche aussi en plantes de toutes espèces. On y en trouve même plusieurs qu'il serait difficile de rencontrer dans beaucoup d'autres lieux de la France. Je m'arrêterai seulement à celles-ci, et je vais en donner la nomenclature, telle que le savant docteur Paulet me l'a fait autrefois copier sous sa dictée.

PLANTES RARES DE LA FORÊT.

Alysse de montagne (alyssum montanum).

Ail à fleurs jaunes (allium flavum).

Boucage glauque (pimpinella glauca).

Bruyère à balais (erica scoparia).

Chironne naine (chironia minima).

Ciste de Fontainebleau (cistus umbellatus).

Crételle, queue de chien (cynosurus cœruleus).

Elatine poivrée (elatine hydropiper).

Faux bouillon (lonicera topsoïdes).

Gentiane d'hiver (gentiana nivalis).

Grand tordyle (tordilium maximum).

Grand persil des montagnes (athamanta cervaria).

Jonc à brosse (juncus scarrosus).

Lin vivace (linum perenne).

Laser à grandes feuilles (laserpitium latifolium).

Muguet à deux feuilles (convallaria bifolia).

Orchis pyramidal (orchis pyramidalis).

Orchis bouffon (orchis mimusops).

Orchis avorton (orchis abortiva).

Pantine (ophrys antropophora).

Ornithologale, plume d'oiseau (ornithogalum minimum).

Phalange (anthericum liliago).

Petit œillet d'amour (gypsophila saxifraga).

Patte de lapin (sedum villosum).

Passe-rage couchée (lepidium procumbens).

Porcélie maculée (hypochœris maculata).

Quintefeuille luisante (potentilla nitiva).

Renoncule à fleurs sessiles (ranunculus nodiflorus).

Renoncule à feuilles de persil (ranunculus chærophyllus).

Rosier à feuilles de pimprenelle (rosa pimpinellifolia).

Sison verticillé (sison verticillatum).

Séseli branchu (seseli elatum).

Scleranthe vivace (scleranthus perennis).

Stallaire des sables (stellaria arenaria).

Sabline des rochers (arenaria saxatilis).

Sabline sétacée (arenaria setacea).

Sénecon à feuilles d'abrotanum (senecio abrotanifolius).

Tillée d'eau (tillæa aquatica)

Thésion des Alpes (thesium alpinum).

Thym des Alpes (thimus alpinus).

Trèfle cilieux (trifolium ciliosum).

Trèfle des montagnes (trifolium montanum).

Toute-saine (hypericum androsœmum).

Véronique bâtarde (veronica spuria).

Une plante dont les sangliers sont friands, croît en assez grande quantité dans la forêt de Fontainebleau; c'est la filipendule (*spiræa filipendula*). Son nom lui vient de ses racines en forme de longs filets terminés par une petite tubercule oblongue et d'une odeur forte.

Sa tige assez grêle s'élève à la hauteur d'environ deux pieds, et porte des fleurs blanches dont la réunion fait un fort joli bouquet, parce que les boutons, avant d'éclore, sont d'une couleur purpurine très agréable à la vue.

Dans certaines mares qu'alimentent seules les eaux que le ciel verse sur le globe terrestre, de même que dans des creux de rochers et sur des platières où l'humidité règne, on trouve une plante assez originale, que la dispcsition de ses feuilles a fait classer parmi les fougères : c'est la pilulaire (*pilularia globulifora*). Les opérations de sa génération se font dans un globule de la couleur et de la grosseur d'un grain de chenevis, attaché par un très petit pédoncule à l'origine des feuilles, et qui ne s'ouvre que pour laisser passage au germe de la nouvelle plante qu'il contient : c'est de lui que cette plante tire son nom. Ses racines sont filamenteuses et blanches, rampent au fond de l'eau dans les mares qui ont le moins de profondeur, et se conservent vivaces, même quand elles sont tout-à-fait à sec. Ceci n'est point extraordinaire, car, disposées horizontalement, il part de chacune d'elles d'autres racines qui pénètrent dans la vase et en tirent le suc vivifiant. Les premières s'élèvent parfois jusqu'à la superficie de l'eau ; alors elles se couvrent de feuilles légères dont l'assemblage forme un gazon d'une admirable verdure : voilà pourquoi, pendant les beaux jours de l'été, il n'y a rien de si gai à voir que les bords des mares de la forêt, dont le riant paysage fait un contraste étonnant avec la sombre couleur du grès, le blanc mat du bouleau et les têtes couronnées des vieux chênes.

La forêt de Fontainebleau est très riche en mousses et lichens d'espèces différentes. On en trouve partout, sur les arbres, sur les rochers, et surtout sur la terre de bruyère, dans les endroits accessibles à l'humidité.

Sur les arbres, et particulièrement sur ceux qui commencent à vieillir, on voit de magnifiques agarics (c'est le chêne qui en fournit le plus). On en recueille pour faire de l'amadou, au moyen d'une pression forte et continue, de manière à réduire peu à peu en poussière les fibres ligneuses. Ce fut autrefois une branche de commerce qu'exploitait la classe pauvre du pays.

Mais ce qui n'est pas rare dans cette forêt, dont l'aspect présente à l'œil stupéfait le résultat d'une de ces grandes révolutions terrestres qui ébranlent le globe, c'est l'immense quantité de champignons qui y poussent. Outre ceux qui surgissent comme une véritable loupe sur l'écorce des arbres, dans les fentes de rochers où les vents ont apporté quelques lignes de terre, on en trouve partout, dans les lieux les plus arides, les plus rocailleux ; c'est après une chaude pluie d'été qu'il faut aller les chercher...... C'est une étude à faire, étude long-temps négligée, à cause des difficultés sans nombre qu'elle présente. L'ancien médecin du palais, le savant et honorable docteur Paulet, a consacré quelques années de sa vie à l'investigation de cette cette plante terrestre peu connue jusqu'à lui. Dans 2 volumes in-4° publiés à Paris en M. DCC. XCIII, il a donné sur la science mycétologique des notions tellement claires et précises, qu'à l'aide de ce livre, chacun peut aisément, avec un peu d'étude, connaître les agarics de la forêt de Fontainebleau, se rendre compte de la substance de chacun d'eux, et savoir pertinemment discerner ceux qui sont vénéneux d'avec ceux dont on peut faire usage et qui rendent les mets exquis. Nous renvoyons donc nos lecteurs à cet intéressant ouvrage, nous contentant d'indiquer la série des champignons les plus remarquables, et surtout ceux que l'on peut manger sans aucune crainte, en ayant soin toutefois de ne pas les laisser arriver à l'état de moisissure qui amène bien vite celui de corruption.

Le champignon peut être défini ainsi: C'est un corps de substance muqueuse ou pulpeuse, généralement charnue, d'ordinaire coriace, parfois subéreuse, et dans certaines espèces tant soit peu cotonneuse. Il est doué d'une odeur et d'une saveur tout-à-fait particulières à chaque sujet. Privée de locomotion et d'irritabilité, cette plante est une production bâtarde, étonnante, extraordinaire, que les poètes et les philosophes, Porphire surtout, appelaient *enfant des dieux ou de la terre;* expression figurée qui sert à désigner les hommes dont les parens sont inconnus.

L'antiquité a prononcé que tous les champignons étaient en général malfaisans, et ses naturalistes ont tout fait pour détourner le peuple d'en faire usage. Cela n'empêchait pas qu'ils étaient recherchés par les gourmands ; et du temps d'Horace il était reçu que ceux des prés sont de la meilleure qualité, ainsi que cela est prouvé par les vers de sa 4e satyre du livre 2.

Pratensibus optima fungis
Natura est, aliis malè créditor.

On les classait même, à raison de leurs qualités : l'oronge tenait le premier rang, et la truffe, espèce de champignon de nature et de forme tout-à-fait différentes, venait après.

Mais plus tard Pline, le naturaliste, et le fameux Apicius ont fait une étude approfondie des champignons; le premier sous le rapport de l'histoire naturelle, et l'autre principalement sur la manière de les préparer. Depuis eux, ils sont devenus tout-à-fait à la mode; les Romains, et surtout les Toscans, ont fini par en faire un tel usage, qu'ils en mangent des quantités prodigieuses et en mettent dans tous leurs mets.

Aujourd'hui, partout, dans tous les pays du monde, ils entrent dans la composition des alimens et en font un des plus savoureux assaisonnemens. A la vérité, ils ont causé et causent encore quelquefois des accidens; mais il ne suffit que de les étudier et de les soumettre à l'analyse pour s'en garantir.

En Russie, où ils sont nombreux et

recherchés, la veuve du czar Alexis en fut la victime. A peu près à la même époque, dix-sept bûcherons toscans furent empoisonnés par des champignons qui n'étaient autre chose que la fausse oronge. A Fontainebleau, en 1751, dans un des voyages de la cour, la princesse de Conti ayant aperçu, en parcourant la forêt, des agarics d'une espèce qui lui sembla être la véritable et bonne oronge, les cueillit elle-même et se les fit servir à dîner. Ses convives, qui en mangèrent peu, furent gravement incommodés : quant à elle, sans les soins d'un savant médecin qui accompagnait le roi, c'en était fait. Elle eut d'horribles convulsions, et pendant quelque temps on douta fort qu'il fût possible de la sauver.

Sous l'empire, pendant la détention de Pie VII à Fontainebleau, un des hauts fonctionnaires de la cour pontificale faillit, lui aussi, à payer bien cher le plaisir de s'être régalé avec des champignons.

Voici ce qu'on raconte à cette occasion :

« Dans un des voyages de la cour impériale à Fontainebleau, le cardinal Caprara, nonce du pape, parcourant un jour la forêt, crut avoir rencontré, dans les environs du rocher de Montigny, la bonne oronge, champignon dont les Italiens sont très friands; il en fit cueillir par ses gens. A son retour, ce mets fut préparé et servi sur la table du cardinal, mais il n'en eut pas plutôt mangé, qu'il ressentit dans l'estomac les douleurs les plus aiguës. Le docteur Paulet fut appelé aussitôt, et arriva à temps pour administrer le contre-poison : il produisit le meilleur effet, et sauva du danger de la mort ce prince de l'église romaine, qui en fut quitte pour la fièvre pendant quelques jours.

La fausse oronge, de même que la vraie, est assez rare dans la forêt de Fontainebleau. Elle se distingue de celle-ci par des taches blanchâtres ; et elle est entourée d'un cercle de même couleur, sur un fond aurore.

Un empereur romain, cité dans l'histoire pour sa luxurieuse gastronomie, avait bien raison d'appeler les champignons *le manger des Dieux*. Rien, en effet, ne prouve mieux qu'il avait su en apprécier la valeur comme objet de gourmandise, que tous les accidens sans nombre qui sont arrivés en France et notamment dans les environs de Paris; il faut assurément que ce mets ait bien de l'attrait pour que l'homme s'expose à perdre la vie dans le seul but de satisfaire sa sensualité.

En 1754, et long-temps auparavant déjà, des ordonnances de police défendaient de cueillir des champignons au bois de Boulogne : des gardes étaient posés partout pour faire exécuter la consigne. Eh bien! c'était inutile; cette défense rendait le peuple plus friand, plus désireux d'en manger; et, comme un nouveau Tantale, il se donnait toutes les peines imaginables pour s'en procurer. Il est donc inutile d'essayer de proscrire parmi nous l'usage des champignons, parce qu'il y en a de dangereux; ce serait une entreprise semblable à celle qui aurait pour objet de défendre celui du persil et du cerfeuil, parce que la ciguë, qui leur ressemble, est un poison. Il n'y a qu'un parti à prendre, c'est d'engager tout le monde à s'éclairer, et, pour cela, à lire bien attentivement le livre que nous avons cité; c'est un traité à peu près complet; c'est le résultat d'expériences renouvelées, d'études profondes qui indiquent dans son auteur un grand fond d'érudition en même temps que le vif désir d'être utile à notre pauvre humanité.

On ne peut déterminer l'époque où les hommes ont fait usage, pour la première fois, des champignons; on a tout lieu de croire, cependant, qu'elle date de loin, puisque de tout temps on a pu se rendre compteque c'était une plante nutritive, en voyant les bêtes fauves et autres en rechercher avec avidité certaines espèces. Il est assez généralement reçu que les habitans de la Toscane ont été les premiers peuples de l'Europe qui en ont goûté et ont fini par en rendre l'usage très fréquent dans leur pays, surtout depuis l'établissement du carême. C'est encore eux, aujourd'hui, qui les connaissent le mieux, qui ont plus de sagacité pour discerner les bons d'avec les mauvais, et qui en emploient le plus d'espèces pour leur nourriture.

En France, l'usage des champignons date du règne du roi Henri II. Ce sont les Médicis qui l'ont apporté d'Italie. Avant eux, on avait presqu'en horreur cette production fortuite de la terre, que l'on regardait comme le résultat d'une maladie semblable à celle des arbres, vulgairement appelée *pituita* par les anciens.

Les principaux champignons que l'on trouve dans la forêt de Fontainebleau sont :

1° Le licoperdon, qui y est répandu en grande quantité partout, et dont les espèces sont nombreuses. On en voit dans certains endroits qui ont un développement extraordinaire; et, ces années passées, on en admirait un dans le jardin anglais, qui avait près de dix-huit pouces de diamètre : c'est un agaric dont on ne peut faire aucun usage.

2° L'oronge franche, vulgairement appelée la bonne oronge, est un champignon si remarquable et si recherché en même temps, que je crois devoir en donner ici une description complète.

Sa couleur est d'un beau jaune orange ou de jaune d'œuf; sa taille est haute, elle s'élève quelquefois jusqu'à sept pouces, et son chapiteau en a autant de circonférence.

Pline en donne une idée juste, lorsque le décrivant sous le nom de *boletus*, qui est celui que lui donnaient les Latins, dit que, dans son enfance, c'est comme un jaune d'œuf enfermé dans sa coque, qui s'ouvre pour lui livrer passage. En effet, lorsqu'il n'est que naissant, l'enveloppe blanche dans laquelle il est encore, représente assez bien un œuf de poule ouvert à ses extrémités, et qui laisse apercevoir le jaune. Cette couleur, qui tranche sur le blanc, est celle du chapiteau, qui, faisant effort pour monter, rompt cette enveloppe à la partie supérieure, s'élève d'abord pour s'étaler en parasol très régulier. Cette belle couleur orangée, presque aurore d'abord, s'éclaircit peu à peu et finit par une belle couleur d'or lorsque le champignon est en maturité. Le chapiteau est rayé aux bords par l'effet de la saillie des feuillets, et il est sujet à se fendre et à s'entr'ouvrir. La peau qui le recouvre s'enlève facilement. La substance interne n'est point blanche; c'est une pulpe fine, assez ferme, délicate, serrée et semblable à celle de l'abricot, soit pour la couleur, soit pour la consistance : celle de la tige, qui est pleine, est de la même couleur et se confond avec celle du chapiteau, qui n'est qu'une continuité ou extension. Les feuillets qui prennent naissance à l'endroit de cette extension, où ils ont à peine une demi-ligne de largeur, s'élargissent à mesure qu'ils approchent des bords du chapiteau, au point d'avoir jusqu'à sept ou huit lignes de hauteur à cette partie, et sont disposés de manière que leur tranche, lorsque le champignon est étalé, forme une surface horizontale égale. Ces feuillets sont épais, charnus, de couleur jaune pâle, et forment la principale partie du corps du chapiteau, qui, dans plusieurs individus, surtout dans ceux qui sont très grands, n'a presque pas de pulpe ou n'en a qu'à l'endroit qui répond à la tige et à l'évasement de cette tige : ils sont tous de hauteur égale, à l'exception de quelques petites parties de feuillets taillées en portions de cercle qu'on trouve par-ci par-là du côté des bords. Ils sont recouverts, en naissant, d'un voile blanc, lâche, qui se rabat bientôt sur la tige, à laquelle il s'applique ou reste quelquefois collé contre les feuillets : en général, ce voile s'efface ou disparaît presque en entier. Il n'en est pas de même de l'enveloppe générale ou valve, qui est épaisse, blanche, et dont on trouve toujours des vestiges très sensibles, soit au bas de la tige, soit à la surface du chapiteau. La tige taillée en quille est très forte, pleine et de couleur jaune pâle. On trouve des oronges dont cette partie a jusqu'à deux pouces de diamètre à sa base, et un demi vers le milieu. Le diamètre le plus ordinaire est d'un pouce et quelques lignes à la base, d'un pouce vers le milieu, et de huit ou neuf lignes vers les feuillets, sur quatre à cinq pouces de hauteur.

Ce champignon croît, à ce qu'il paraît, dans toute la partie méridionale et tempérée de l'Europe, surtout en Italie, où on l'appelle *vovolo* et *cocolla*, à cause de sa forme d'œuf ou de coque, et dans toute la partie méridionale de la France, où il reçoit différens noms, tendant tous à exprimer, soit sa forme, soit sa couleur, et dont quelques-uns dérivent du latin, ou sont les mêmes mots de cette langue, mais corrompus, tel que celui de *boulets* pour *boletus*, celui d'*oumégal*, pour *ovum gallinæ*, etc. On l'appelle encore en France *dorade*, *endorguez*, *jaune d'œuf*, *aulònjat*, *cadran*, et enfin *oronge*, terme qui est le plus usité et qui semble une corruption d'*aureus fungus*, puisqu'on trouve encore en France le mot *fonge* pour champignon, et que la terminaison d'*oronge* ne paraît qu'une corruption ou abréviation de *fonge*. Ainsi, en supposant que l'auteur du terme oronge ait voulu dire champignon couleur d'or, ce qui est probable, l'origine latine paraît la plus naturelle.

On trouve cette plante, quoique rarement, aux environs de Paris. La forêt de Fontainebleau, du côté de Boulay, près de Nemours, le parc de Meudon, l'Ile-Adam, la forêt de Senard, Grosbois et le bois d'Ormesson, sont principalement les lieux où on l'a trouvée;

mais on ne l'y trouve que lorsque sa saison, qui est l'automne, est douce et pluvieuse. Tournefort la marque au bois de Vincennes ; M. Darcet assure en avoir cueilli au mois de septembre 1758, dans le bois de Closter-Severn, dans l'électorat d'Hanovre, lorsque l'armée française était campée sous les ordres du maréchal de Richelieu ; l'été avait été long et chaud. Il paraît qu'au-delà du 52e degré de latitude septentrionale, on ne la trouve plus. Elle se plaît dans les bois clairs ou légèrement ombragés, et surtout plantés de châtaigniers.

L'oronge franche a la chair et les feuillets jaunes; la fausse oronge les a blancs. L'oronge sort d'une bourse entière, blanche et forte ; la fausse oronge est couverte, même en naissant, de petites peaux blanches ou d'une enveloppe en parcelles qu'on aperçoit presque toujours sur le chapiteau, et qui la rendent comme mouchetée. D'ailleurs la fausse oronge est, en naissant, couleur de feu, a une tige cylindrique, droite et très blanche : l'oronge franche est de couleur de jaune d'œuf un peu foncé ou de safran, a une grosse tige teinte en jaune, taillée en fuseau ou en quille, et n'a jamais la surface couverte de petites peaux semblables à celles de l'autre : elle est en outre rayée aux bords du chapiteau, et la fausse oronge ne l'est pas. Ces deux sortes de champignons ne se ressemblent un peu que par la couleur jaune d'or que prend dans la maturité le chapiteau de l'un et de l'autre ; mais celle de leur pulpe, la saveur, le port de ces plantes, l'odeur, etc., qui ne sont pas les mêmes, joints à ce qu'on vient d'exposer, ne permettent pas de les confondre. Ces différences, déjà notées en partie par Pline, sont si frappantes même, que toutes les fois qu'il y a eu des accidens, ils ont toujours été l'effet ou de quelque mauvais dessein, ou d'une ignorance complète à l'égard des champignons, ou de l'entêtement à vouloir faire usage de la fausse oronge.

3° Le *cèpe*. Il y en a des quantités prodigieuses dans la forêt de Fontainebleau. Deux espèces seulement sont bonnes à manger; on les recueille ordinairement au commencement de l'automne, à la suite des dernières pluies chaudes de l'été. C'est dans les jeunes futaies et dans les taillis de dix à quinze ans qu'il en pousse le plus, où ils sont meilleurs et d'un goût plus agréable.

On les reconnaît à leur volume considérable, leur chapiteau bombé et peu régulier, leur surface sèche et entr'ouverte profondément, par leur tige forte et en général gonflée du bas, par leur substance blanche, légère, leur parfum suave et leurs bonnes qualités. On en distingue deux espèces principales : le *cepe franc tête rousse*, et le *cepe franc tête noire*.

1° *Cepe franc tête rousse.* Cette espèce, que Ray paraît avoir indiquée, est un cepe qui s'élève à la hauteur de quatre à cinq pouces, avec un chapiteau presque de même étendue, d'environ deux pouces d'épaisseur, y compris les deux substances et une tige cylindrique qui ont à peu près un pouce et demi de diamètre. Lorsqu'il est naissant, il est d'un blanc sale ou couleur de noisette tendre, avec une surface encore unie; la partie tubuleuse ou le foin, est d'un gris blanc ou de perle; la tige est blanche. Lorsqu'il est développé, il prend alors une teinte rousse, se rembrunit, sa surface se gerce et s'ouvre profondément, au point de laisser voir une chair blanche qui, par le contact de l'air, prend une légère teinte de café au lait. Sa partie tubuleuse, d'abord grise, finit par prendre une teinte jaune : cette partie a des pores fins, serrés. La tige se soutient blanche ou d'un blanc sale; elle est pleine d'une substance spongieuse et blanche, qui occupe l'intérieur et qui se confond avec celle du chapiteau, tandis que celle du dehors paraît fibreuse, composée de fibres longitudinales.

Toute la plante est sèche, d'une consistance qui cède assez facilement à l'impression du doigt, et légère relativement à son volume, d'une chair fine, délicate, de bon goût et d'une odeur agréable, qui soutient le contact de l'air sans changer de couleur. Cette espèce est de très bonne qualité, et on peut en faire usage sans danger. On la trouve, en septembre et en octobre, dans les bois des environs de Paris. Ce champignon se conserve très bien; pour cela on le coupe par tranches, qu'on enfile et qu'on fait sécher. Lorsqu'on en veut faire usage, on le fait revenir dans l'eau tiède, ou on le laisse infuser toute la nuit sur les cendres chaudes, la veille du jour où l'on veut le manger : on conserve cette eau chargée d'une partie de son parfum. Les uns le font bouillir ensuite légèrement dans une nouvelle eau ; et, après l'avoir essuyé et jeté cette eau, ils le font cuire dans le beurre, avec du persil, du sel, du poivre, c'est-à-dire avec l'assaisonnement ordinaire, en le nourrissant, pendant sa cuisson, avec la première eau dont on a parlé : c'est l'affaire d'une heure environ, puis on fait une liaison avec des jaunes d'œufs ou de la crême. D'autres le mangent à l'oignon, qu'on fait roussir d'abord sur le feu dans le beurre; quand il commence à roussir, on ajoute les champignons, qu'on achève de faire cuire. Quelques personnes y mettent de la chapelure de pain, de la muscade ou des quatre épices.

Lorsqu'ils sont frais, on est généralement et avec raison dans l'usage de les passer d'abord dans l'eau bouillante; après les avoir essuyés, on les fricasse comme on vient de le dire. Ils sont susceptibles d'ailleurs d'être apprêtés de toutes les manières indiquées pour le champignon de couche : on en peut faire des tourtes. Dans les pays où on les conserve pour l'usage, comme en Hongrie, on en fait des coulis ou soupes qu'on mange avec plaisir. Pour cela, on les conserve après les avoir fait passer au four ou à l'étuve. On les fait revenir dans l'eau tiède, comme on l'a dit plus haut; on se sert de cette eau, dans laquelle on fait bouillir des roties de pain; après le temps suffisant, on passe le tout pour en faire un coulis épais, de consistance de purée, auquel on ajoute les champignons qu'on a fait cuire à part dans le beurre, avec l'assaisonnement convenable : on mêle le tout pour en faire un plat délicieux. Chez les Hongrois, il y a des familles entières auxquelles ce mets sert de principale nourriture en hiver, et devient ainsi d'une ressource précieuse. On les met, pour ainsi dire, à toute sauce, comme les mousserons; et lorsqu'il s'agit de parfumer les ragoûts, quand ils sont secs on les rape et on ajoute de cette rapure aux sauces.

Ce mets est un peu chaud et aphrodisiaque; mais lorsque le champignon est bien choisi, on ne connaît point d'observation qui prouve qu'il ait jamais incommodé : on remarque même qu'on en mange dans presque toute l'Europe. Pour faire usage des cepes, on ne doit jamais oublier la précaution de les couper et de voir s'ils changent de couleur par le contact de l'air : lorsque cela arrive, il y aurait de l'imprudence à les employer. Le blanc de la chair doit se soutenir sans aucune altération ; et lorsque le champignon est léger à la main, d'une odeur suave de bon champignon, qu'il a la surface sèche et la chair d'un blanc durable, on peut être certain qu'il n'incommode pas.

2° *Cepe blanc tête noire.* La seconde espèce, que l'Écluse, Micheli et autres ont indiquée, est un champignon haut d'environ quatre pouces, mesure à peu près de l'étendue du chapiteau. Ce chapiteau a environ un pouce et demi d'épaisseur, et est porté sur une tige d'un pouce et demi ou deux de diamètre; sa couleur, d'abord lavée de brun, se rembrunit au point de devenir couleur de marron foncé ou de bistre. Il y en a de deux ou trois sortes, à raison de la couleur de la partie tubuleuse, dans les uns d'un gris cendré, dans d'autres exactement de même couleur que celle du dessus, ou d'un gris jaunâtre et verdissant, et dans d'autres jaune. C'est cette dernière que Micheli a spécialement indiquée, et dont Schaeffer a donné la figure. Sur toute la surface supérieure il se découpe en plusieurs endroits et laisse voir une chair fine et blanche. La tige, plus ou moins forte, est pleine d'une chair blanche qui se confond avec celle du chapiteau; et toute la plante légère à la main, relativement à son volume, est d'une substance sèche, douce au toucher, d'un parfum très suave et d'une saveur ordinaire de bon champignon. C'est l'espèce la plus répandue dans le Nord et la partie tempérée de l'Europe. On la trouve à la fin de septembre et au commencement d'octobre, surtout dans la forêt de Sénard. La tête noire, à tubes jaunes, est plus commune en Touraine et en Guienne, et partout l'une et l'autre sont très recherchées pour l'usage des tables. On les apprête comme l'espèce précédente.

4° La *girolle ordinaire*, dont presque tous les auteurs qui ont écrit sur les champignons, ont fait mention, les uns sous les noms spécifiques de *chanterelle*, ainsi nommée dans le Montbeillard, à cause d'une sorte de ressemblance de cette plante avec le bec ouvert ou la tête du coq lorsqu'il chante, ce qui répond au *gallinacei* des Italiens, qui a la même signification; les autres sous celui d'*oreille de lièvre*, à cause de sa forme qui en approche; celui-ci est remarquable par sa belle couleur d'or ou fleur de capucine, et par la disposition de son chapiteau frisé, langueté, et découpé sur ses bords à peu près comme les feuilles d'endive. Lorsque ce champignon n'est que naissant, il a la forme d'un petit mousseron à tête ronde. Ce bouton s'aplatit ensuite, se creuse et s'étale. Toute la plante, qui s'élève jusqu'à deux ou trois pouces, est d'une seule substance, dont la chair est blanche, sèche, cassante et d'une saveur de champignon, mais un peu piquante. La surface supérieure est unie et couverte d'une pellicule fine: les nervures qui prennent naissance à la tige, se bifurquent et se ramifient enfin du côté des bords; elles ressemblent à de petits cordons d'environ un quart de ligne d'épaisseur, et sont de même substance que le reste de la plante. La tige est cylindrique, pleine; c'est une continuité de la substance du chapiteau. Cette espèce est de très bonne qualité pour l'usage. Après l'avoir lavée et épluchée, on la coupe par morceaux et on l'apprête, comme les précédentes, en fricassée de poulet : elle n'incommode point. On la trouve partout dans les bois, surtout dans celui du Rincy, près de Paris, où elle croît en abondance. On la connaît en France sous différens noms, qui expriment ou ses bonnes qualités ou *sa manière d'être particulière*; elle se nomme *gérille*, qui vient de *gingoule*, signifiant plante qui naît pour le palais (*gula*); *escraville* pour *escaville* ou *esca villæ*, nourriture du village, *cassine* de *casse*, ancien mot gaulois qui signifie chêne, parce qu'on la trouve communément aux pieds de cet arbre; enfin, on l'appelle encore *chevrille*, *chevrette*, *jaunelet*, c'est-à-dire du même nom que les espèces de la famille précédente, à cause de la forme ou de la couleur, qui est à peu près la même.

Elle est sujette à varier de deux manières principales : tantôt elle est presque grise ou d'un blanc lavé de jaune, et parvenant difficilement à maturité, tantôt sa couleur est d'un roux tendre sur toute sa surface. Il semble que ce sont des girolles avortées ou auxquelles il manque une portion suffisante du principe colorant et piquant, car celles-ci ne piquent pas la langue lorsqu'on les goûte ; elles sont plutôt fades et aqueuses, et il serait possible que, dans un état d'altération, elles fussent d'un usage nuisible : cela justifierait alors ce qui est rapporté dans un ouvrage de Gleditsch, qui dit qu'on a observé en Allemagne des accidens causés par cette espèce. Dans la vue de s'en assurer, M. le docteur Paulet prit le parti de faire des expériences sur les animaux avec ces deux variétés qu'il avait trouvées en assez grande quantité ; mais à quelque dose qu'elles aient été données, il n'en est jamais résulté le moindre accident ; d'où il a conclu que cette observation peut n'être pas exacte, ce qui est assez ordinaire en fait de champignons, quand on n'est pas à portée de vérifier les rapports qui sont faits. Lorsque les individus de cette espèce sont bien choisis, leur usage n'est jamais suivi d'accidens ; ce qui est conforme à l'assertion de Sterbeeck sur cette plante, et surtout au témoignage et à l'expérience de tous les peuples d'Europe qui en font usage.

5° Le mousseron (*agaricus clavus*) est un petit champignon, d'abord de couleur fauve, qui blanchit en s'ouvrant, croît en abondance et par traînées dans les friches, par un temps humide et surtout après une pluie. Sa tige est de la grosseur d'un tuyau de plume, ses feuillets un peu écartés. Par sa tête, il est très facile à reconnaître, à cause d'une espèce de bouton qui la termine au milieu. C'est un excellent champignon, dont le goût et l'odeur sont très agréables, et que l'on trouve pendant tout le cours de l'été dans plusieurs endroits de la forêt de Fontainebleau, notamment dans la vallée de la Solle.

6° La goimelle (*agaricus campestris*), grand champignon blanc, dont la tige s'élève quelquefois à un demi-pied. La surface de sa calotte est parsemée de taches grises : par conséquent il est très facile à reconnaître; mais, en général, il est peu recherché, parce qu'il manque de parfum, et que, parfois, il est d'un goût assez insipide.

7° La Morille (*phallus*) est aussi un champignon de la forêt de Fontainebleau : à la vérité il y croît en assez petite quantité ; c'est au commencement du printemps, dans les charmilles, sous les ormes et au bord des routes que l'on en trouve. Dans certaines années il en croît assez abondamment sur les platières des rochers de Montussi ; mais c'est une espèce différente des autres : elles leur sont supérieures en grosseur et en régularité, car leur forme n'est pas spécialement décidée. Parmi les touffes de bruyères, il en pousse assez ordinairement ; celles-là passent pour être meilleures que les autres, à cause de leur saveur agréable et de leurs bonnes qualités. Il y a des morilles de couleur brune en sortant de terre ; d'autres, dont la queue est blonde, sont d'abord et pendant quelques jours d'un blond tirant sur le roux, que le contact de l'air rend presque noir ensuite : ce sont les plus recherchées.

La morille étant, avec le cepe, l'un des champignons le plus en vogue à Fontainebleau, et par conséquent celui dont on fait le plus d'usage, je crois qu'on ne sera pas fâché de me voir insérer ici la manière de l'apprêter : c'est le docteur Paulet qui en est l'auteur, et qui a eu l'obligeance de m'inviter à juger par moi-même qu'il avait réussi à en faire un mets délicieux.

Après avoir épluché les morilles, il

faut les laver à plusieurs eaux, pour enlever de leurs cavités la terre et les grains de sable qu'elles contiennent.

» Cette opération faite, on les égoutte bien en les essuyant, et on les met dans une casserole sur le feu avec du beurre, du gros poivre, du sel, du persil, et si l'on veut, un morceau de jambon. Il faut environ une heure de cuisson : comme elles ne rendent pas beaucoup d'eau, on est obligé de les humecter souvent, et pour cela on doit préférer le bouillon. Lorsqu'elles sont cuites, on ajoute des jaunes d'œufs pour faire la liaison en les ôtant du feu. Il y en a qui y mettent un peu de crême : on les sert seules, ou sur une croûte de pain rissolée et imbibée de beurre. »

Voilà la manière la plus ordinaire

de les apprêter, et peut-être la meilleure; mais ceux qui aiment la variété des mets et des assaisonnemens, ne se bornent pas à celle-là : il y en a encore d'autres, dont voici les principales :

Morilles à l'italienne. Après les avoir bien lavées, battues et laissées égoutter, on les coupe en deux ou trois, i elles sont trop grosses; on les met ans une casserole sur le feu, avec un ouquet de fines herbes (persil, ci- oule, cerfeuil, pimprenelle, estragon, ivette), un peu de sel et un demi-verre d'huile. On les fait bouillir jusqu'à ce qu'elles aient rendu leur eau; ensuite on y met du persil haché, du blanc de ciboule et un peu d'échalotes. On donne encore un tour de bouillon, quelques pincées de farine sont ajoutées; on les mouille avec du consommé, puis on y met un demi-verre de vin de Champagne ; et après les avoir laissées un peu *mijoter*, on les sert avec du jus de citron et des croûtes de pain.

» *Morilles en hatelets.* Après les avoir lavées, coupées en deux et passées au feu pour leur faire rendre leur eau, on les met dans un vase avec du beurre, de l'huile, du sel, du poivre, du persil, de la ciboule hachée et des échalotes : ainsi marinées, il faut les attacher à de petites brochettes et les faire griller après les avoir légèrement panées. On les arrose avec leur sauce et on les sert avec ce qui en reste.

» *Morilles à la crême.* Après les avoir passées sur le feu avec du beurre, du sel, un bouquet de fines herbes et un petit morceau de sucre, on les mouille avec du bouillon quand elles ont perdu leur eau ; on y ajoute quelques pincées de farine et surtout de la crème, puis on les sert sur des croûtes de pain.

» *Morilles farcies.* On préfère, pour les farcir, les morilles fraîches et les blondes. On les ouvre au bout de la tige ; et après les avoir bien lavées, battues et essuyées, on les farcit d'une farce fine et on les fait cuire entre des bardes de lard. On les sert dans une sauce semblable à celle des morilles à l'italienne.

» De quelque manière qu'on apprête les morilles, elles sont toujours bonnes, étant moins huileuses et d'une chair moins compacte en général que les champignons, les mousserons et les truffes ; elles sont aussi plus légères pour l'estomac et n'incommodent jamais. Après les avoir fait sécher au four ou autrement, on les rape, (ainsi que certains cepes et les mousserons), pour en avoir la poudre, qu'on met dans les sauces au besoin. Lorsqu'elles sont sèches, elles reviennent facilement dans l'eau. Dès le mois d'avril, et même à la fin de mars, lorsque le temps est doux et pluvieux, on les trouve dans les bois, dans les jardins, ordinairement au pied des arbres et parmi les buissons. La morille se plaît surtout dans les climats un peu froids et dans les régions tempérées.»

8° En automne, sous les futaies, parmi les feuilles de hêtre à demi consommées dont la terre est couverte, on est tout étonné de voir sortir de son sein une végétation de la nature des champignons : c'est la clavaire, vulgairement appelée *barbe de chèvre* ou *menottes* (*claveria coralloïdes*). Sa forme ressemble à celle des stalactites réunies par branches sur une même souche, et quelquefois par touffes plus grosses que le poing de l'homme le mieux conditionné.

Les clavaires de la forêt de Fontainebleau sont généralement de couleur de buis ; la chair est blanche, ferme et cassante, mais, comme toutes les bonnes spèces de champignons, elles sont sujettes aux vers : il faut donc y faire attention.

La meilleure manière de les apprêter, c'est de les faire cuire entre deux morceaux de lard ou plutôt de jambon, de mouiller le tout avec du bouillon, en y ajoutant du sel, du gros poivre et du persil. Après une heure environ de cuisson, on les met dans une sauce faite avec du jus de viande ou bien en fricassée de poulet. La sauce doit avoir un degré de chaleur assez élevé pour qu'on ne soit pas obligé de les remettre sur le feu ; il faut aussi avoir soin de tenir hermétiquement fermé le vase qui les contient, pour que le parfum ne puisse s'en exhaler et afin de les conserver dans leur couleur naturelle.

On fait aussi confire des barbes de chèvre dans du vinaigre, de la même manière que les cornichons et la perce-pierre (*critmum*). Il ne s'agit que de les faire blanchir, en les passant à l'eau bouillante, et de les essuyer avant de les mettre dans le vinaigre. L'expérience a prouvé que c'est la meilleure manière de les conserver.

Il y a encore, dans la forêt de Fontainebleau, d'autres champignons bons à manger, tel que l'agaric laiteux, qui a un peu de ressemblance avec le cepe, excepté que sa tige est plus élevée, que la couleur de son chapiteau, à la partie supérieure, est blanche, et rose par-dessous. Mais je dois m'arrêter ici, les bornes de ce petit livre ne peuvent en comporter davantage sur les champignons : je dirai seulement qu'il est à regretter que ces sortes de plantes ne puissent se conserver avec tout leur caractère naturel, car on trouverait dans cette forêt sauvage de quoi faire une collection des plus variées, puisqu'on en rencontre de toutes les formes, de toutes les nuances.

DES REPTILES.

—

Les reptiles que l'on trouve dans la
orêt de Fontainebleau sont la couleu-
re ordinaire, qui n'est pas malfaisante,
e lézard vert, magnifique animal, ami
le l'homme, et que l'on rencontre à
haque pas au bord des routes et dans

les lieux exposés au soleil; puis la vipère (5), dont la morsure dangereuse exige de prompts remèdes et qui guérit difficilement.

Dans sa jeunesse, ce serpent porte une robe qui ressemble en quelque sorte à de la marqueterie, sur un fond jaunâtre, gris ou rougeâtre. Quand il est parvenu à son degré de croissance, qui est d'environ deux pieds de longueur, sur à peu près un pouce de diamètre au milieu du corps, il n'a plus, sur le dos, que trois rangs de taches noirâtres formant trois chaînes longitudinales et festonnées; le dessous du ventre est de couleur d'acier ou d'ardoise claire; la queue est rousse ou plus ou moins jaune, surtout à l'extrémité qui est terminée par deux points noirs et blancs. Sa tête est plate et presque toute plane, excepté aux orbites qui sont un peu saillans ; elle forme à peu près le triangle obtus, et est ornée de traits ou caractères noirs sur un fond gris-perle. Le savant docteur Paulet, médecin du palais de Fontainebleau, qui a consacré près de quatre-vingts ans de sa vie à étudier son art, ayant été appelé plusieurs fois pour porter secours à des personnes qui, par inadvertance ou imprudence, avaient été mordues par des vipères, forma le projet de détruire ce reptile dans la forêt de Fontainebleau, en offrant une prime par chaque tête qu'on lui apporterait. Cette méthode de destruction est continuée depuis ce temps-là par le successeur de ce célèbre médecin, et le trésor de la couronne lui rembourse chaque année les avances qu'il fait pour cela. Les morsures de ce serpent sont aujourd'hui fort rares ; d'ailleurs, il n'attaque pas, il fuit au contraire avec vivacité au moindre bruit, et ne se défend que quand on l'irrite ou qu'on marche dessus par mégarde.

Il y a encore une autre espèce de reptile, horrible à voir, à cause de sa couleur de chair sans aucune nuance ; c'est l'enveau. On en voit partout, mais plus particulièrement sur les chemins, après les pluies d'orage. Malgré le préjugé vulgaire qui le fait passer pour un reptile dangereux, on ne doit pas en avoir peur, car il se remue à peine ; et jamais on n'a pu dire qu'il eût occasionné du mal à qui que ce soit.

ENTOMOLOGIE DE LA FORÊT.

Au milieu de plaines sabloneuses, pour la plupart ombragées par des arbres épars, et parfois couvertes de genêts ou de bruyères, on a lieu de croire qu'il doit naître beaucoup d'insectes. Nulle part, peut-être, on n'en voit en aussi grand nombre, surtout pendant les matinées fraîches et les chaleurs de l'été. Pour me maintenir dans le cercle que j'ai dû me tracer, je ne parlerai que de ceux qui m'ont paru dignes de fixer l'attention.

1° La chenille du tithymale, la plus belle et la plus brillante que nous ayons en France. Elle appartient à l'espèce que l'on nomme sphinx : elle est sans poils; sa queue est en forme de corne sur le dernier anneau ; sa longueur et sa grosseur se rapprochent plus ou moins de celles du petit doigt de la main. Sa tête est d'un beau rouge; sur le dos elle porte une raie de même couleur, laquelle se développe jusqu'à la queue, qui, elle-même, est moitié rouge, moitié noire; sur les côtés, entre les anneaux, elle étale une magnifique tache d'un beau rouge sur les unes, et d'un jaune-clair sur les autres. Tout le reste du corps est garni de petits points du même jaune, formant cercle, très serrés et joignant ainsi la partie inférieure, qui est d'un blanc parfait sur un beau fond noir relevant admirablement les autres couleurs. Son éclat la fait apercevoir d'assez loin; mais il est rare d'en trouver sous bois : elle vit de préférence dans les lieux découverts, et semble avoir une prédilection toute particulière pour la plante appelée *ésule de cyprès* (*esula cyparissias*), dont la forêt est presqu'entièrement couverte. Le papillon qu'elle produit n'a pas un grand développement, mais il est admirable; les couleurs qui dominent dans sa robe et ses ailes, sont l'olive-clair et le rouge.

2° La mante, insecte d'environ huit à neuf lignes de longueur, dont la tête est de forme triangulaire et tourne à droite et à gauche, comme sur un pivot. Son corcelet est alongé : à la suite sont deux grandes ailes recouvrant une autre paire d'ailes d'un tissu plus délié : quand elle vole, les quatre ailes sont déployées. Elle porte quatre petites pattes qui lui servent à prendre un point d'appui ; deux autres beaucoup plus longues et plus grosses, paraissent destinées à saisir sa proie et à la tenir quand elle la croque. Il y a des mantes plus grosses les unes que les autres, quoique toutes de même longueur. On pense généralement que cela vient de la différence du sexe, et les naturalistes sont d'avis que les mâles l'emportent en grosseur sur les femelles.

Avant de finir cette courte excursion dans le vaste champ de l'entomologie de la forêt de Fontainebleau, je dois signaler un insecte bien remarquable, et auquel on fait ordinairement peu attention : c'est un limaçon moins gros qu'une noisette, un peu alongé et muni d'une valvule qu'il ferme tout-à-coup et avec un petit claquement, quand on le touche. Ce limaçon se tient sur des brins d'herbe, d'où il se laisse tomber au moindre mouvement. Sa chair est noirâtre, et la partie supérieure de sa coquille est d'un blanc-pâle parsemé de petites macules tirant sur le rouge.

DU GIBIER ET DES CHASSES.

—

La forêt de Fontainebleau fut autrefois très giboyeuse : on y a compté jusqu'à trois mille grands animaux, se composant de cerfs, de daims et de biches. Il en résultait des dégâts considérables parmi les propriétés riveraines, aussi voilà pourquoi sous la restauration il a fallu indemniser ceux qui les possédaient. (6) Cette indemnité s'élevait annuellement à plus de 60 mille francs.

Les chevreuils n'étaient pas, à beaucoup près, aussi nombreux que les cerfs; cependant il n'était pas rare d'en rencontrer des hardes de six à dix dans certains cantons, notamment sur les hauteurs de la Solle et les environs de Franchard. Les sangliers y étaient aussi en assez grand nombre; mais, sous l'empire, ils ont été grandement diminués, parce que c'était la chasse favorite de Napoléon, qui les faisait prendre dans des panneaux, renfermer dans une enceinte faite exprès, et les tirait du haut d'une tribune qu'on avait construite à cet effet dans la partie la plus élevée de cette enceinte.

Le lièvre était fort rare, à cause de la prodigieuse multitude de lapins qui pullulaient dans la forêt; car tout le monde sait que celui-ci, quoique plus petit que l'autre, lui donne la chasse, se bat à mort contre lui, et sort toujours vainqueur.

Ailleurs, le lapin est un gibier des plus ordinaires, et par conséquent peu recherché; ici, au contraire, nourri de serpolet et d'herbes odoriférantes, sa chair a un goût suave, et passe généralement pour être d'une qualité bien supérieure à celle des lapins de nos meilleures garennes; mais les dégâts qu'il causait aux plantations et aux jeunes taillis, dans les hivers rigoureux surtout, ont forcé l'administration de les détruire, en sorte qu'il est aujourd'hui rare d'en rencontrer dans la forêt de Fontainebleau.

Les perdrix rouges et grises s'y plaisent à merveille; pour le faisan, au contraire, il n'y a pas assez d'eau et le terrain est trop sec. Voilà pourquoi on était obligé d'en élever d'un manière particulière dans un lieu clos, que l'on nomme le Grand-Parquet, lequel est situé sur la route d'Orléans, non loin de la pyramide.

Là, on faisait couver par des poules ordinaires jusqu'à cinq à six mille œufs de faisans au printemps de chaque année; on lâchait ensuite les petits avec leurs mères dans la vaste enceinte de ce parquet, où, à l'automne suivant, les rois de France venaient les tirer. A la suite d'une chasse qui avait duré tout au plus cinq heures, il n'était point extraordinaire de voir entassées de sept cents à mille pièces de gibier, dont le roi avait tué la plus grande partie.

Mais ceci n'est que la chasse dont tout le monde peut se donner le plaisir; c'est la chasse à tir : elle n'exige qu'un coup d'œil juste; et, sous ce rapport, les sauvages, qui sont forcés d'en vivre, l'emportent de beaucoup sur nous par la grande habitude qu'ils ont de courir continuellement les plaines et les bois pour chercher leur nourriture.

Il est une chasse bien supérieure, parce qu'elle semble avoir quelques rapports avec l'art de la guerre, à cause des principes théoriques auxquels elle est soumise, qui en règlent les moyens, en assurent la jouissance, et sans lesquels il n'y aurait d'autre résultat qu'une fatigue inutile : c'est la chasse à courre, la chasse du cerf, qui, parmi les bêtes fauves, est la plus noble, et tient à juste titre le premier rang. Depuis la plus haute antiquité elle n'a cessé d'être l'amusement des rois, des princes, des grands seigneurs; partout, dans tous les pays du monde, elle fut de tout temps en grand honneur. Les hommes appelés par leur naissance, leur rang, à commander aux autres, préludaient, pour ainsi dire, à l'art des combats par les fatigues de longues courses à cheval, l'étude d'une attaque, d'une direction à suivre, de moyens à employer pour arriver promptement et avec certitude à un but déterminé.

Virgile a chanté les chiens et la chasse dans les vers suivans du troisième livre des *Géorgiques*.

Nec tibi cura canum fuerit postrema. . . . .
. . . .
. . . .
. . . .
. . . .
Sæpè etiam cursu timidos agitabis onagros,
Et canibus leporem, canibus venabere damas;
Sæpè volutabris pulsos sylvestribus apros
Latratu turbabis agens, montes que per altos
Ingentem clamore premes ad retia servum.

Il faut savoir aussi dresser des chiens fidèles. . . .
. . . .
. . . .
. . . .
. . . .
Tantôt tu les verras, pleins d'ardeur et d'audace,
Du lièvre fugitif interroger la trace,
Lancer le faon timide, ou, dans les bois fangeux,
Livrer au sanglier un assaut dangereux;
Ou, par leur course agile et leur voix menaçante,
Presser des daims légers la troupe bondissante.

DELILLE.

Chez nous, en France, la chasse du cerf, qui date des commencemens de la monarchie, fut, jusqu'à la révolution 1793, la propriété exclusive des rois et des princes de leurs familles. A eux seuls était réservé le droit de *courre les fauves dans les bois et forêts* avec de bruyantes meutes de chiens, des équipages magnifiques, un nombreux personnel, et, comme tête de colonne, un grand seigneur pris parmi les premiers dignitaires de l'état et quelquefois parmi les maréchaux de France. Il portait le titre de grand-veneur, était grand-officier de la couronne et avait tous les honneurs du service, comme le grand-maître, le grand-chambellan, les premiers gentilshommes de la chambre, etc.

Sous les règnes de Louis XIII, et au

commencement de celui de Louis XIV, dit M. d'Yauville, dans son Traité de vénérie, il y avait quatre lieutenans, quatre sous-lieutenans et quarante gentilshommes; ils servaient par quartier, et le lieutenant qui était de service commandait l'équipage. Il y avait, outre un lieutenant et huit gentilshommes ordinaires : ces derniers étaient choisis parmi les gentilshommes en charge, et servaient toute l'année. Après eux venaient deux pages qui portaient les couleurs du roi, comme les pages de la petite écurie; quatre aumôniers qui servaient chacun par quartier, ainsi que quatre médecins et quatre chirurgiens. Il y avait douze valets de limiers servant trois par quartier, et deux ordinaires, qu'on appelait valets de limiers de la chambre ; quatre fourriers, quatre valets de chiens à cheval ; douze valets de chiens à pied, qu'on appelait grands valets de chiens, et quatre maréchaux ; les uns et les autres servant aussi par quartier. Il y avait un valet de chiens ordinaire à cheval, et quatre valets de chiens ordinaires à pied, qu'on nommait petits valets de chiens, et un boulanger ordinaire. Toutes ces places, tant par quartier qu'ordinaires, étaient à la nomination du grand-veneur ; les lieutenans seulement étaient à la nomination du roi.

Tel était l'état de la vénérie, lorsque le roi Louis XIV, trouvant que le grand nombre de ses veneurs servant par quartier, nuisait plus qu'il n'était utile à la chasse, et voulant changer la forme de ce service, décida par une déclaration du 2 janvier 1706, qu'ils seraient dispensés de venir faire les fonctions de leurs charges; elles furent cependant conservées sans exercice, et elles ont subsisté encore long-temps après : ce n'est qu'en 1737 que, par édit du roi Louis XVI, la plupart ont été supprimées, et que, de quarante charges de gentilshommes, six seulement ont été conservées. Il en restait encore vingt-quatre; savoir: une de lieutenant ordinaire, cinq de lieutenans, cinq de sous-lieutenans, six de gentilshommes et six de gardes. M. de Salnove ne parle pas de ces dernières, lesquelles cependant doivent être aussi anciennes que les autres. Quoiqu'il en soit, ceux quiétaient revêtus de ces charges jouissaient des anciens privilèges mais ils ne faisaient aucun service. Lors donc qu'il fut décidé que les officiers en charge ne paraîtraient plus aux chasses du roi, on donna le commandement de la vénérie au plus ancien des gentilshommes qui y servaient par commission; et, depuis ce temps, les nouveaux veneurs ont fait, sans interruption, le service pendant toute l'année. Il est certain que ces veneurs étant bien choisis, inspiraient, a dit M. de Salnove, beaucoup plus de confiance que ceux qui, ayant été neuf mois absens, trouvaient à leur retour la plus grande partie de la meute changée, et ne connaissaient plus, par conséquent, ni les noms, ni la force, ni la sagesse de leurs chiens. A la fin du règne de Louis XIV, et au commencement du règne de Louis XV, il y avait dans la vénérie, sous les ordres du grand-veneur, un commandant, un écuyer, deux gentilshommes, deux pages, cinq piqueurs, huit valets de limiers, dix valets de chiens et un boulanger. Mais une grande réduction dans le personnel fut opérée sous le règne de Louis XVI, qui établit sa vénérie à peu près sur les mêmes bases que nous l'avons vue en 1820.

L'empereur Napoléon, en montant sur le trône, comprit que l'éclat dont son nom et ses victoires entouraient la couronne qu'il venait de se poser sur la tête, n'était pas suffisant aux yeux d'un peuple qu'il arrachait à une longue anarchie et au despotisme démagogique, le pire de tous. Une cour nombreuse, composée des grands noms de son époque, surgit tout-à-coup autour du manteau impérial. Un sénatus-consulte l'organisa, et son compagnon d'armes, le maréchal Berthier, y fut compris sous le titre de grand-veneur, charge éminente qu'il a conservée jusqu'au 20 mars 1815.

Sous la restauration, les choses furent rétablies à peu près sur le même pied qu'avant la révolution; mais les hautes fonctions de grand-veneur, auxquelles était attaché un traitement considérable, ne furent données que par intervalles et pour d'importans services rendus. Les deux seuls grands dignitaires que les rois Louis XVIII et Charles X investirent de ce titre pompeux, y avaient des droits bien acquis, et les noms de Richelieu, de Lauriston, figurent à la suite de celui du comte de Toulouse.

Mais ils n'ont eu que les honneurs du service et les avantages pécuniaires qui en résultaient : un premier veneur était chargé de tous les soins de cette administration dont le budget ne s'élevait pas à plus de 800,000 fr. par an. Sous ses ordres, arrivaient par gradation un capitaine-commandant, deux lieutenans, deux pages; après eux un nombreux personnel, composé de quatre premiers piqueurs, deux valets de limier à cheval, quatre à pied; quatre valets de chiens à cheval, dix à pied, et deux surnuméraires. Le nombre des chiens ne s'est pas élevé alors au-dessus de cent cinquante.

L'équipage d'environ cent chevaux comprenait quarante personnes ayant des grades et des dénominations différentes ; puis un maréchal-ferrant, un sellier et un boulanger, avec leurs aides.

D'ordinaire les rois de France, et l'empereur lui-même, chassaient dans la forêt de Senart au mois de septembre : de là les équipages allaient à Fontainebleau, et les chasses commençaient vers la mi-octobre. C'était un temps de fêtes et de plaisirs ; bals, spectacles, concerts, promenades, revues et courses, rien n'était ménagé pour amuser les nombreux conviés. Cette ville, triste et déserte pendant tout le reste de l'année, prenait alors un aspect des plus animés : des marchands de Paris y arrivaient en foule ; il y en avait partout, jusque dans l'intérieur du palais, auprès des appartemens du roi, le long de la galerie de François Ier; mais là, on ne recevait que des joailliers, des horlogers et des marchandes à la toilette.

Au milieu du fracas de toute cette population disparate entassée sur le même point, ce qu'il y avait de plus remarquable, c'étaient les rendez-vous de chasses, celui surtout de la Saint-Hubert. Tous ces équipages, portant des femmes de la plus grande élégance, ces chevaux fringans, montés par des cavaliers revêtus de riches costumes, produisaient un effet vraiment magique, et que décrivent à merveille les romanciers de nos jours.

Les principaux rendez-vous de chasse dans la forêt de Fontainebleau, étaient :

1er RENDEZ-VOUS.

A la Garenne d'Avon.

LIEUX DE QUÊTES.

La garenne d'Avon, la butte du Monceau et le bois Gautier.

La petite Haie, le Mont-en-Dard et le grand Jarier.

La fosse aux Boulins, les forts de Thomery et la Fosselle.

Les sentiers d'Avon et les Placereaux.

Les Fraillons et pointe d'Yray.

2° RENDEZ-VOUS.

A la Croix du Grand-Maître.

LIEUX DE QUÊTES.

Les Sablons, plaine Rayonnée et rocher Besnard.

Les plaines du Chenu-Feuillu et du Rupt, et Rocher-Brûlé.

La plaine du Rosoir et garenne de Grosbois.

La Malle-Montagne et le mont Aiveu, et ventes Héron.

Le long Rocher.

Les ventes aux Diables et parquets de Montigny.

3e RENDEZ-VOUS.

A la Chaise-à-l'Abbé.

LIEUX DE QUÊTES.

Le rocher d'Avon, mail de Henri IV et rocher de Bouligny.

Le mont Merle et le rocher Fourceau.

Les ventes de Bourbon et vallée aux Cerfs.

La souille aux Pourceaux et montoire de Récloses.

Le rocher aux Putains, Montmorillon et champ Minette.

4e RENDEZ-VOUS.

A la Croix de Saint-Hérem.

LIEUX DE QUÊTES.

Les ventes Bourbon et vallée aux Cerfs.

Les forts de Marlotte, gorge aux Loups, rochers Boulins et Gastines.

Les Trembleaux et rocher des Etroitures.

La garenne de Bourron et la vallée de Jauberton.

Les grandes Bruyères, ventes Poirier, ventes Rigaud et ventes Cumier.

5e RENDEZ-VOUS.

A la Commanderie.

LIEUX DE QUÊTES.

La droite de la route du milieu de Villiers, jusqu'au marais de Larchant.

La gauche de la même route.

Le bois de la Commanderie, de Faux-Jouy et de Piselet.

La vignette et la vallée de Mavoisine.

6e RENDEZ-VOUS.

A la Croix de Souvray.

LIEUX DE QUÊTES.

Les Primes-Verts, Tapisseries et ventes Lopinot.

Le parc aux bœufs, croix de Souvray et mares aux Fourmis.

La canche Guillemette et aux Lièvres, mont aux Biques et rocher du Mauvais-passage.

Le Mont-Enflammé, rocher de la Combe et Petites-Maisons.

Les grands Feuillards, vente de Nemours et Nid-du-Corbeau.

7e RENDEZ-VOUS.

Au chemin des Pieds-Pourris.

LIEUX DE QUÊTES.

Les clos Héron, petites Mares et mare aux Fourmis.

Les ventes aux Seigneurs et les Barnolets.

Les Beorlots, Eguisoirs, gorge aux Archers et plaine de la Haute-Borne.

La garenne d'Achères.

Le bois de Felarde, par-delà Meun.

Les grands Fenillards, vente de Nemours et Nid-du-Corbeau.

8e RENDEZ-VOUS.

A la Croix de Franchard.

LIEUX DE QUÊTES.

Le mont Fessas, gorge du Houx et mont Aigu.

La gorge aux Merisiers, Cul-Blanc, rocher de la Salamandre et petits Feuillards.

Trappe-Charette, Touche-aux-Mulets et rocher de Milly.

Les ventes Caillot, hautes Plaines et vente Barbier.

Les buttes de Fontainebleau, gorges de Franchard et plaine de Macherin.

9e RENDEZ-VOUS.

A la Croix du Grand-Veneur.

LIEUX DE QUÊTES.

La Tillas, fosse au Ratean et ventes des Charmes.

La gorge aux Néfliers, fourneau David et butte de Macherin.

Les monts Girard et ventes Alexandre.

Les gorges d'Apremont et bas Bréau.

Le mont Saint-Père et hauteur de la Solle.

10e RENDEZ-VOUS.

A l'Épine-Foreuse.

LIEUX DE QUÊTES.

La Pommeraye et marchais Artois.

Les Billebaux et ventes Chapellier.

Le rocher Canon, vente à Bauge et Bécassières.

Le chêne au Chien, plaine de la Glandée, vente du Lys et table du Roi.

Le bois de Coulant.

11e RENDEZ-VOUS.

Au Pavé des Caves.

LIEUX DE QUÊTES.

Les monts de Fay et rocher du Cuvier-Châtillon.

Les monts de Truie, mont Saint-Germain et les Trois-Devalloirs.

Les vieux Rayons et la Boulaye.

Les taillis de Monbeaut, ventes Bouchard, butte Saint-Louis et bois Chedeau.

Le rocher de Saint-Germain et vallée de la Solle.

12e RENDEZ-VOUS.

A la Mare Marchais.

LIEUX DE QUÊTES.

La queue de Fontaine, bois à la Dame et plaine de Courbuisson.

La Boissière.

Les repeuplemens de la Boissière.

Les Pourris.

Les repeuplemens de Samois et bois de la Magdeleine.

Les Écouettes.

13e RENDEZ-VOUS.

A la Croix d'Augas.

LIEUX DE QUÊTES.

Le fort des Moulins, pré Archet et rocher Cassepot.

Le rocher de la Bihourdière et la Bihourdière.

Le rocher du mont Ussy, vallée de la Chambre et mont Perreux, jusqu'au chemin de Paris.

Le mont Ussy, mont Chauvet et vente aux Postes.

La vallée et hauteur de la Solle.

DES OISEAUX.

On voit généralement peu d'oiseaux dans la forêt de Fontainebleau : cela tient à la sécheresse du sol et à l'absence de fontaine et d'eau courante. Elle est d'ailleurs trop fréquentée et trop parcourue dans tous les sens pour qu'ils puissent s'y reposer tranquillement et y procréer.

Il est cependant probable que l'aigle a tenté de s'y introduire sous la protection des rochers, dont il recherche partout l'abri, puisqu'une gorge avoisinant les hauteurs de la Solle, porte depuis un temps immémorial le nom de *Nid de l'Aigle*.

Dans l'été de 1818, le duc de Berri, chassant le cerf, fut obligé de *faire un temps d'arrêt* sur les hauteurs de la gorge aux Loups, parce que les chiens avaient pris du change. Pendant qu'il écoutait attentivement sous l'ombrage d'une haute futaie de chênes, de quel côté la chasse allait tourner, il aperçut un oiseau d'une très grande envergure, qui, dans son vol, décrivait presque au-dessus de sa tête un cercle, comme s'il se disposait à fondre sur une proie qu'il guettait. Le prince prend la carabine (*a*) portée par son piqueur, il ajuste l'oiseau, et, saisi

(*a*) Tout le monde sait que les jours de chasse les fusils des agens subalternes sont chargés à balles pour tuer le cerf dans le cas ou, presque réduit, il ferait tête aux chiens.

d'étonnement, il voit tomber à ses pieds un grand aigle plein de vie ; car il n'avait qu'une aile cassée. Alors le cerf fut oublié ; on reprit le chemin du château, où l'on rentra au bruit des fanfares et au milieu des cris de joie que partageait avec un enthousiasme difficile à décrire l'heureux chasseur qui venait de faire un si beau et si rare coup de fusil. Le lendemain il mettait, aux Tuileries, sous les yeux de Louis XVIII, la preuve encore vivante de son adresse, et recevait de lui ces paroles : « Je veux qu'un tableau rappelle que, le . . . . . . 1819, un aigle a été tué par mon neveu, le duc de Berri, dans la forêt de Fontainebleau, d'un coup de fusil chargé à balle. »

Un oiseau que l'on voit quelquefois

dans cette forêt, surtout sur les pièces d'eau du château, où il vient pêcher pour se nourrir, c'est le balbuzard ou aigle de mer, que les paysans bourguignons nomment dans leur patois *crau-pécherot*, c'est-à-dire *corbeau pêcheur*. Il a beaucoup de ressemblance avec l'aigle ; mais il est bien plus petit, et n'a ni son port, ni sa figure, ni son vol. Sa seule nourriture est le poisson ; ce qui est prouvé par la forte odeur de sa chair et par l'habitude qu'il a de ne vivre que dans le voisinage des pièces d'eau douce. Ordinairement on n'en voit, à Fontainebleau, qu'à l'époque de la pêche de l'étang de Moret, et quand il est presqu'à sec, parce qu'alors cet oiseau vorace ne trouve plus de quoi vivre. Au mois d'octobre 1832, le régisseur du domaine, M. Lamy, en a tué un sur la pièce d'eau dite *le Romulus*, dans le parterre, au moment où, emportant une carpe qu'il avait prise en plongeant sous l'eau, il battait des ailes pour en secouer l'humidité et reprendre son vol.

Les oiseaux de passage sont ici moins nombreux que partout ailleurs : cependant, à l'automne et au printemps, on peut y faire de très belles chasses à la bécasse ; les lieux où l'on en voit le plus, sont ceux dans lesquels les arbres végètent avec peine et où ils sont rabougris. On en attribue la cause à la présence du ver blanc ou larve du hanneton, dont la bécasse est très friande. C'est un insecte malheureusement trop commun à Fontainebleau, il fait une guerre à mort aux gazons, aux plantations de toute espèce, dont il ronge lés racines, et il n'est pas rare de voir des cantons tout entiers devenus la proie de sa voracité.

DE QUELQUES PARTICULARITÉS

INTÉRESSANTES

CONCERNANT LA FORÊT DE FONTAINEBLEAU.

Dans l'origine des sociétés, quelque chose de mystique s'attachait à l'idée d'une forêt sombre, épaisse et inaccessible; c'est que là étaient cachées aux regards des humains les retraites sacrées de la divinité sous la protection de laquelle le peuple se croyait à l'abri de tout. On n'y pénétrait qu'avec un saint respect ; le plus profond silence, ce silence qui inspire une espèce d'horreur, y régnait continuellement.

La forêt de Bierre, plus que toute autre en France, à cause de ses profonds réduits, de sa vaste solitude, de ses énormes rochers, de ses antres rocailleux, de ses arbres touffus, de ses broussailles serrées, a dû, elle aussi, posséder dans son sein de fausses divinités et les autels qui leur étaient consacrés. Elle a donné asile aux prêtres à qui la garde en était confiée, et nul doute qu'elle ne servît jadis de retraite aux druides, à ces êtres mystérieux qui tirent leur nom de l'arbre que l'on nomme chêne, et auxquels on attribue avec assez de justesse la fondation de la ville de Nemours. Mais, à mesure que la civilisation a dissipé le nuage épais qu'une superstitieuse sauvagerie tenait développé sur la tête de nos ancêtres, et quand les lumières de la raison sont venues nous éclairer de leur flambeau régénérateur, les forêts ont perdu ce caractère religieux qui les distinguait, et sont aujourd'hui au niveau de toutes les choses que l'on voit d'un œil indifférent et dont on profite.

Henri IV encore, ce bon roi, ce roi qui n'eut jamais peur, absorbé sans doute par un rêve que favorisait la fatigue d'une chasse à courre, le trot d'un cheval à allures douces, ne fut point inaccessible aux sentimens superstitieux qu'excita un jour en lui l'isolement au milieu du silence des bois. Voici ce que raconte à ce sujet Cayet dans sa *Chronologie Septenaire*, ou Histoire de la paix entre les rois de France et d'Espagne :

« De tout temps, les charbonniers, buscherons et paisans d'autour de la forest de Fontaine-bleau disent, que quelques-fois ils voyent vn grand homme noir, auec vne meute de chiens, chasser par la forest, lequel ne leur faict pourtant aucun mal, et l'appellent le grand veneur; ceux à qui ils contoient cela, le prenoient pour fable : mais il aduint qu'au printemps de ceste année sa Maiesté estant à Fontaine-bleau se donnant du plaisir à la chasse, accompagné de plusieurs seigneurs, estans au plus espais de la forest, ils entendent corner des chasseurs et abbayer des chiens, comme de bien fort loing, et à l'instant tout au près d'eux : quelques seigneurs près du roy s'auancent à ce bruit pour voir qui c'estoit; ils n'eurent faict vingt pas, qu'ils aduisent vn grand homme noir parmy ces halliers, lequel leur fit vne telle peur, que ce fut à qui fuiroit le mieux. Cest homme noir leur parla d'vne parole si espouuantable, qu'ils n'eurent l'asseurance ny le loisir de bien discerner ce qu'il leur dit. Les vns rapportent qu'il dit : *M'attendez-vous*, les autres *m'entendez-vous*, et d'autres *amendez-vous.* Quelques esprits curieux en voulurent, en ma présence, faire des conjectures; mais ie leur racontay le discours du foiteur de la forest de Lionne, où le roy Charles IX prenoit si grand plaisir à la chasse, qu'il fit dans ceste forest eslever vn bastiment superbe appelé Charles-Val, où durant qu'il y faisoit son séjour, plusieurs femmes villageoises passant par la forest, sans voir personne, estoient esbayes d'estre troussées et foitées, si bien que les marques leur en demeuroient aux fesses, et incontinent entendoient par la forest vn cry de risée, ha, ha, ha. Le roy s'en fit enquester si cela estoit vray; plusieurs le luy asseurèrent et en monstrèrent des marques : l'on s'en rioit; et les vieilles gens du pays disoient que cela ne les importune pas tous les ans, mais qu'en d'aucunes années ils en sont incommodez.

» Il y a ainsi en chacun estat et peuple certaines occurrences dont on ne sçauroit rendre autre raison : comme durant l'estat de Lusignan en Poictou, iamais ne mouroit roy ou prince que certaines voies ne fussent ouyes en l'air long-temps auparauant à plusieurs fois, par manière de sort, comme fatal. On a obserué que les grands remuëmens d'Allemagne n'aduenoient point, qu'il n'y eust auparauant de grandes apparitions de spectres, et autres tels signes, qui est vn indice que la prouidence de Dieu est du tout sans blasme de tous les maux qui aduiennent, en aduertissant vn chacun long-temps auparauant, affin que nul ne se mesprenne. Ailleurs comme ez isles de la mer Baltique, naissent sur les bords de la mer des beluës marines du tout inusitées, dont puis après s'engendre beaucoup de corruption qui infecte l'air. Tant y a que cè sont aduertissemens qu'il ne faut pas redouter, comme arrests nécessaires du conseil de Dieu; mais il ne faut pas aussi les mespriser comme choses inutiles et sans effect, qui aduinssent par cas fortuit ou imagination naturelle. Le roy en a très bien sçeu faire son profit, appréhendant quelque remuëment extraordinaire, et préuoyant aux remedes nécessaires pour n'en estre surpris, comme par sa préuoyance il a tousiours donné très bon ordre aux affaires de son royaume pour le bien de son peuple. »

Plus tard un historiographe de Fontainebleau, le père Dan, a raconté le même fait d'après Cayet et Matthieu, en l'accompagnant des réflexions suivantes:

« Il est bien vray que le roy retournant alors de la chasse, ayant manqué le cerf, en estait tout fâché, à raison que le iour d'auparauant on l'auoit encore manqué, et sa Maiesté craignoit que ses chiens ne se rebutassent; et retournant elle fut étonnée qu'elle entendî pas loing d'elle, que l'on sonnoit du cor à la façon que l'on a coustume quand la chasse a esté bonne, et que le cerf est pris. Ce que le roy trouuant mauuais, il fit faire recherche quels estoient ceux qui auoient esté si hardis que de sonner ainsi; mais quelque diligence que l'on en fit pour le sçauoir, l'on ne put iamais apprendre d'où estoit venu ce bruit : ce qui rendit encore le roy plus pensif, et s'en reuint tout mélancholique; et cela donna occasion à toute la cour d'étonnement, et qui fut cause qu'alors l'on mit en bruit le discours du grand veneur, et de l'apparition pretenduë de ce spectre; mais non pas qu'aucun de ce lieu dise, que l'on veid alors cét homme noir, ni qu'on oüyt dire ces paroles : *M'entendez-vous*, et les autres pareilles.

Et pour faire paroistre clairement, que ceux qui ont écrit des premiers de cét éuenement, qui sont Caier, Matthieu et autres, qui l'ont emprunté d'eux, en parlent sans connoissance et sur un simple bruit seulement; c'est que ces escriuains racontent que sa Maiesté fit entendre alors les charbonniers de la forest; ce qui ne peut estre, car il ne s'y fait point de charbon, et il n'y a point mémoire d'homme, que l'on en y ait iamais fait.

De plus, c'est que de tant de personnes qu'il y a icy et aux enuirons, anciennes ou ieunes, aucune ne dit auoir iamais veu ny entendu ledit fantosme ; et s'il parle du grand veneur, ce n'est que sur vn bruit du vulgaire. Pour n'offenser neantmoins tous ceux qui en ont écrit, j'en laisseray croire à vn chacun ce qui luy plaira.

Ie sçay ce que plusieurs autheurs racontent de la chasse de Sainct-Hubert, laquelle ils disent qu'elle s'entend en diuers endroits. Ie n'ignore pas aussi ce que l'on raconte du spectre, que l'on appelle le Fouëtteur, que l'on dit estre apparu du temps de Charles IX, en la forest de Lyons, et qui laissa les marques des coups de fouët qu'il auait donné à plusieurs personnes, et ne doute pas qu'il n'y ait des démons qui vaguent aussi bien dans les forests que dans l'air. Mais je sçay bien que pour ce qui est de ce grand veneur, il n'y a rien de certain, et encore moins de toutes ces circonstances et paroles rapportées par ces autheurs, qu'ils disent auoir esté prononcées par ce fantosme. »

Cent ans après, environ, c'était l'an 1698, il arriva raconte le père Guilbert à peu près la même chose au roi Louis XIV.

« Ce prince, étant à la chasse dans la forêt de Fontainebleau, crut avoir une vision qui l'avertissait de certains faits particuliers, dont il ne parla, dit-on, à personne, et qui cependant lui furent confirmés et répétés quelque temps après par un maréchal-ferrant de Salon-de-Craux, en Provence, parent de Nostradamus, en cet endroit enterré et qui se crut chargé de révéler à ce roi certaines choses qui regardaient sa conscience, et qui, malgré le secret, donnèrent lieu à bien des conjectures sur la chose révélée, sur le choix de l'oracle et le moyen de faire transpirer en un instant, jusqu'en Provence, le moment, l'heure, le jour, le lieu, et, qui plus est, la chose révélée et ignorée de tout le monde, comme remarque l'auteur des *Lettres galantes*, dans la relation qu'il fait ainsi de cette histoire :

« Six mois avant la dernière paix, une voix fut adressée dans la nuit à un maréchal-ferrant, qui lui ordonnait, sous peine de grandes punitions, de partir en diligence pour venir dire au roi des choses qui lui seraient révélées lorsqu'il serait sur les lieux.

» On lui disait aussi d'avertir l'intendant de sa province de son départ, et de lui demander de quoi faire son voyage. Le maréchal obéit à la voix et fut dès le lendemain trouver l'intendant, qui se moqua de lui et le renvoya comme un visionnaire. Cependant la voix revint encore à la charge, et, à la troisième fois, les menaces furent si terribles, que le maréchal, épouvanté, n'ayant rien pu obtenir de l'incrédule intendant, vendit tout ce qu'il avait chez lui, et se mit en chemin tout rempli de confiance. A la dernière journée, la voix lui fit sa leçon; il lui fut commandé de demander à parler au roi. On le rebuta d'abord: il y en avait même qui craignaient quelque artifice là-dessous; mais le bonhomme ne se rebuta pas, il demanda toujours à parler au roi de la part de

Dieu, disant qu'il n'apportait que de bonnes nouvelles; et, comme les affaires n'étaient guère meilleures que lorsque la pucelle Jeanne vint demander audience, on crut qu'on ne devait pas la refuser à celui-ci. Elle a été si secrète, que l'on ne sait point ce qui s'y est dit. Ce qu'il y a de sûr, c'est que, lorsque le roi allait à la messe, ce nouveau prophète s'étant trouvé sur son passage, M. le maréchal de Duras dit : « Si cet homme n'est pas fou, je ne suis pas noble; » et le roi qui l'entendit, se tourna et dit : *Cet homme-là n'est pas fou, il parle de fort bon sens, et vous êtes noble.* » . . . . De nos jours, sous le règne de Louis XVIII, semblable farce a été renouvelée, mais comme la chose n'a aucun rapport avec Fontainebleau, nous n'en parlerons pas : d'ailleurs en voilà bien assez sur un sujet qui est de nature à faire hausser les épaules des gens positifs de notre siècle. Revenons donc à la forêt.

En sortant de la ville, pour aller à Melun, on remarquera, au bas de la montagne, un oratoire consacré à Notre-Dame de Bon-Secours; voici le fait qui a donné lieu à sa fondation.

Vers la fin de novembre 1661, un sieur d'Aubernon, gentilhomme ordinaire du prince de Condé, venait rejoindre la cour à Fontainebleau : en descendant la montagne, son cheval s'emporte, il tombe, son éperon droit est pris dans l'étrier, il est traîné jusqu'à l'endroit où est maintenant la chapelle. Dans sa frayeur, il invoque le secours de la Vierge, le cheval s'arrête sur-le-champ, et le cavalier se relève sain et sauf.

En action de grâces, d'Aubernon fit placer une image de la Vierge sur le tronc d'un gros chêne, à l'endroit où son cheval s'était arrêté; plus tard, on y construisit un oratoire, qui fut détruit pendant la révolution de 1793, et réédifié sous la restauration.

Au mois d'octobre 1788, Louis XVI étant à Fontainebleau, un rendez-vous de chasse fut assigné au carrefour de la Croix de Montmorin, sur la grande route e Moret. Le roi arrivé, tout le monde sépare et la chasse commence; les chevaux hennissans emportent leurs caaliers avec toute l'ardeur qui les anime; le marquis de Tourzel, mestre de camp et colonel du régiment Royal-Cravatte, montait une jument anglaise si fougueuse et si difficile à conduire, qu'il est obligé de lui lâcher les rênes et de s'abandonner à son emportement : elle file comme l'éclair à travers bois; aucun obstacle ne l'arrête. Dans cette course si rapide, le cavalier est frappé au front par une branche d'arbre contre laquelle il se heurte : il est renversé et tombe évanoui. Relevé aussitôt par des gens de la vénerie, il est transporté dans la maison du garde de la garenne de Grosbois : les médecins arrivent, décident qu'il est de toute nécessité de faire l'opération du trépan. On ne balance pas, et pendant deux jours on ne perd pas l'espoir de sauver M. de Tourzel; mais le tétanos s'empare de lui : il meurt dans l'endroit même où on l'avait apporté, et autour duquel des tentes, dressées pour abriter les gens chargés par le roi de le garder et de lui donner des soins, étaient en si grand nombre, qu'en y arrivant on se croyait au milieu d'un camp.

DESCRIPTION TOPOGRAPHIQUE

DE LA FORÊT DE FONTAINEBLEAU.

Nulle part on ne rencontre une forêt dont l'aspect fasse éprouver autant de sensations que celle de Fontainebleau : il n'en est peut-être aucune non plus où les promenades à pied, à cheval, en voiture, soient aussi belles, aussi variées, aussi riches en sites contrastés d'une manière tout-à-fait inattendue. Sa superficie est d'environ 32 mille 877 arpens, sans toutefois y comprendre les bois situés sur la rive droite de la Seine, dont la contenance est de près de 7 mille. Elle est bornée à l'ouest par la Seine, au midi par la rivière de Loing et le canal de ce nom, correspondant à celui de Briare. Cette forêt, d'une forme presque circulaire, a environ 18 lieues de tour : 1050 bornes la séparent des propriétés riveraines. Ces bornes n'y ont été plantées qu'en 1664, par les soins et sous les ordres du grand-maître des eaux et forêts de cette époque, M. Barion-d'Amoncourt, à qui mission avait été donnée d'opérer la *réformation générale* dans les pays placés sous sa juridiction; savoir: l'Ile-de-France, la Brie, le Perche, la Picardie et les provinces reconquises.

La forêt de Fontainebleau ne commença à être bien connue et à prendre de l'importance que sous Henri IV. La route Ronde, ainsi nommée, parce qu'elle embrasse tout le pourtour de la forêt à peu près par le milieu, fut percée sous le règne de ce prince, avec l'intention de pouvoir placer plus commodément les relais de chasse. Des croix y furent élevées de distance en distance: elles sont aujourd'hui réduites à neuf principales:

1° La croix de Guise, sur l'ancienne route de Bourgogne, non loin du village de Thomery.

2° La croix du Grand-Maître, à peu de distance de la route de Moret.

3° La croix de Saint-Hérem, sur la route de Nemours.

4° La croix de Souvray, sur la route d'Orléans.

5° La croix de Franchard, près de l'ancien ermitage de ce nom.

6° La croix du Grand-Veneur, sur la route de Paris.

7° La belle-Croix, sur la hauteur de la Solle.

8° La croix de Vitry, sur la grande route de Fontainebleau à Melun.

9° La croix d'Augas, sur le plateau de la première montagne, en partant de Fontainebleau pour aller à Melun.

Chacune de ces croix donne son nom à un canton; chaque canton est divisé en triages, dont le nombre s'élève à 175. Le mot triage, du verbe *trier*, faire choix, signifie, en termes d'eaux et forêts, le choix d'un endroit plutôt que d'un autre pour faire une coupe de bois.

Sur le grand chemin de Melun à Moret, c'est-à-dire sur la route de Bourgogne, s'élève une colonne qui a remplacé une croix, laquelle avait été posée, en 1725, par ordre du comte de Toulouse, alors grand-veneur de France, et qui en portait le nom. J'indique ce carrefour comme un lieu de rendez-vous de chasse assez ordinaire. Le chemin le plus court, le plus beau, en même temps que le plus facile pour s'y rendre, est celui qu'on trouve à droite de la croix d'Augás, en partant de Fontainebleau : de cette manière on y arrive en ligne directe et sans crainte de s'égarer.

Après l'établissement de la route Ronde, sous Henri IV, ainsi que nous l'avons déjà dit, il en a été percé un grand nombre d'autres y aboutissant : depuis lors, on a toujours continué à donner le plus de dégagemens possibles, afin de rendre plus facile et plus agréable la chasse à courre, en sorte qu'aujourd'hui il y a 640 routes, non compris 100 carrefours, dans la forêt de Fontainebleau.

En général, toutes ces routes sont très praticables, même à la suite des plus fortes pluies ; ce qui leur donne presque *un air animé*, c'est que le terrain en est si varié, qu'à chaque pas une chose nouvelle se présente à la vue, et que jamais on n'a à redouter cette uniformité ennuyeuse que l'on éprouve partout ailleurs, dans les plaines les plus riches, dans les bois les mieux plantés, comme sur la crête des plus riants côteaux.

Ici la scène varie à chaque instant : en quittant un jeune taillis, on pénètre dans un gaulis ou demi-futaie, composé d'arbres assez serrés s'élançant à l'envi vers le ciel. Plus loin, une futaie majestueuse, bien dégagée, offre un ombrage des plus frais sous le vert abri des chênes et des hêtres.

Telle futaie se compose presqu'en totalité d'arbres d'une même espèce et du même âge ; telle autre en comprend de diverses espèces et de différens âges, depuis l'enfance jusqu'à la caducité. Ces variations de boisement tiennent au sol, à sa substance, et semblent indiquer des essais tentés à de longs et divers intervalles.

Mais ce qui récrée le plus l'esprit et la vue, ce sont les changemens continuels de scène, au moyen desquels apparaissent à des distances très rapprochées, tantôt des rochers nus, tantôt une futaie, un taillis, une plantation, une plaine sur la surface de laquelle on voit çà et là quelques arbres épars, semblables à ces sentinelles avancées qui éclairent la marche d'un nombreux corps d'armée, et puis, pour ainsi dire, comme rempart de cette plaine, des roches accoudées, posées là comme pour la défendre de toute invasion.

Dans les bas-fonds règne d'ordinaire la sécheresse la plus complète; sur les hauteurs, au contraire, sur celles que l'on nomme platières, on est tout étonné de trouver des mares d'eau limpide, couronnées d'une admirable verdure produite par les plantes aquatiques. Quelquefois, au milieu d'une chaîne de rochers, on se croirait transporté sur les décombres d'une cité fameuse, d'un palais gigantesque, ou sur l'une de ces plages découvertes à la suite d'une marée basse; mais à chaque instant l'uniformité est rompue, l'œil se repaît d'un nouvel objet : c'est le résultat de la transition d'un point à un autre, apparaissant sous une forme nouvelle, et produisant sur l'imagination un effet contraire.

Mais, pour se faire une idée juste et parfaitement exacte de ce panorama continu, il faut le parcourir dans tous ses sens, l'examiner dans tous ses détails, et, pour y arriver sans difficulté ni ennui, suivre la marche que nous allons essayer de tracer.

Aidé des conseils d'un homme spécial (*a*) appelé par la nature même de ses fonctions à connaître la forêt de Fontainebleau, dans ses moindres parties, nous ne craignons pas d'assurer à nos lecteurs qu'en suivant exactement l'itinéraire que nous avons rédigé, ils ne perdront pas de temps, ne courront pas le risque de s'égarer,

(*a*) M. Marrier de Boisd'hyver, inspecteur des forêts de la couronne.

et qu'après avoir fait les quatre promenades que nous allons indiquer, ils auront vu ce qu'il y a de plus curieux dans cette forêt dont la réputation est européenne.

PREMIÈRE PROMENADE.

DE FONTAINEBLEAU A L'ANCIEN ERMITAGE DE FRANCHARD ET RETOUR PAR LES HAUTEURS DE LA VALLÉE DE LA SOLLE.

Il faut sortir de la ville par la barrière dite de la Fourche, suivre la route de Paris jusqu'au premier carrefour, sur le plateau de la montagne, de-là se diriger à gauche vers le bouquet du Roi, par le chemin dont l'indication est écrite sur un poteau.

Arrivé au pied de ce vieux chêne, le promeneur voudra lire la belle description qu'en a faite le chantre de la forêt, le menuisier de Fontainebleau, et qui commence ainsi :

Toi, dont la nuit des temps cache le premier âge ;
Et dont avec transport j'aime l'antique ombrage,
Géant de la forêt, noble bouquet du roi. . . .

(CHANT II, page 50.)

A quelques pas de là se trouve un arbre que l'on a appelé le bouquet de la Reine; il est partagé en trois branches formant bouquet : c'est un hêtre d'une belle dimension, paraissant être contemporain du bouquet du Roi, et bien choisi pour faire pendant avec lui.

En partant de là, il faut gagner la route Ronde, en traversant une jeune futaie de hêtres, lieu vulgairement nommé le *Puits aux Géants*, puis se diriger vers la croix de Franchard, en longeant la vieille futaie du *chêne brûlé*. Cette croix a pour piedestal un monceau de roches entassées, et qui semblent s'être trouvées là comme par hasard.

A travers les arbres clair-semés, on aperçoit à peu de distance une espèce d'habitation : c'est là qu'aujourd'hui demeure le garde du canton ; il occupe les ruines de l'ancien ermitage de Franchard, qui vaut bien la peine que je consacre quelques pages à faire connaître ce qu'il fut jadis, et quels souvenirs sont attachés à ce vieux monument de la vie monacale. Je crois ne pouvoir mieux faire que de reproduire ici ce qui a été écrit sur ce lieu sauvage par le père Guilbert, historiographe de Fontainebleau.

« Les peintures affreuses que les historiens ont faites de la Thébaïde, les antres obscurs qu'ils ont décrits, et les profondes cavernes qu'ils ont représentées, ne paraîtront toujours que des crayons imaginaires à qui n'aura pas visité le surprenant désert de Franchard.

» Une lieue et demie de chemin à travers des montagnes escarpées, des sables arides et de brûlans cailloux, annoncent faiblement l'extraordinaire séjour où ils vont se terminer.

» Des milliers de rochers entassés avec peine et escarpés comme à l'envi pour se disputer le plaisir d'arrêter les pas des mortels et de fixer leurs regards, dérobent toute autre vue que la région céleste, et forment uniquement le plan, le dessin et les perspectives de cette solitude. Quelques arbres sauvages plantés de loin en loin, et comme rejetés par la terre pour ôter tout abri contre les brûlantes ardeurs du soleil, semblent y envier aux humains la faible consolation d'une eau amère et roussâtre que filtre à peine l'un de ses rochers.

» Ce lieu d'horreur fut cependant habité autrefois par des hommes mortels, ou plutôt par des hommes déjà morts au monde et à eux-mêmes, et qui, redoutant le seul avenir, s'inquiétaient peu du présent. Tel fut cet ermite Guillaume, chanoine régulier de Saint-Euverte d'Orléans, à qui Philippe-Auguste en fit la donation à vie, et que le pape Innocent, troisième du nom, mit sous la protection du Saint-Siège, par une bulle qu'il lui adressa l'an 1200, et à qui Etienne, abbé de Sainte-Geneviève de Paris, et depuis évêque de Tournay, remontre, dans une de ses lettres, le danger qu'il y a d'habiter une demeure où ses deux devanciers avaient été tués l'un après l'autre, où le terrain est absolument aride, et où il n'y a qu'une fontaine, dont l'eau amère et jaunâtre n'est ni bonne à boire ni belle à voir; et qui, malgré cette peinture, y finit saintement ses jours avec les religieux de l'abbaye de Saint-Euverte d'Orléans, à qui Philippe-Auguste en fit la donation, à la prière de cet ermite, par une charte de l'an 1197, aux conditions d'y tenir toujours, par l'abbé de Saint-Euverte, deux de ses religieux qui prient assidûment pour lui et ses parens, et de ne jouir dudit ermitage qu'après la mort de ce Guillaume, qui, par bonne volonté pour ces religieux, ses confrères, les mit en possession de son vivant, comme il paraît par une bulle du même pape Innocent, adressée à Guillaume et aux ermites de Franchard, et par une lettre de Philippe-Auguste à ses forestiers, de l'an 1204, où il leur ordonne de laisser jouir ces ermites de bois mort de la forêt : *Quod concessimus heremitis manentibus apud Franchardum mortuum nemus in foresta nostra de Bieria; durent litteræ istæ quandiu nobis placuerit, actum apud fontem Blaaldi*.......... M. CC. IV.

» Cet ermitage, qui d'abord n'avait été habité que par un seul homme, devint en peu de temps une vraie communauté, dont ce Guillaume devint prieur, et qui, par sa piété et la vie canonique que l'on y observait, attira bientôt l'attention des peuples voisins et la charité des fidèles, puisque, dès la même année de la donation que Philippe-Auguste en fit à l'abbaye de Saint-Euverte, plusieurs personnes contribuèrent de leurs biens à la fondation de cette communauté, et que la reine Adélaïde, épouse de Louis VII, confirma par une charte donnée à l'abbaye du Jard, près de Melun, où elle était, une donation faite à ces chanoines d'un bien qui était dans son domaine et sujet à son douaire : *Nos vero qui terræ in qua dicta decima erat dominatum et jurisdictionem per dotalitium tenebamus..... benigne favorem præbuimus et assensum....... anno........ M. CXC. VII.*

» Ce qu'elle fit, dit cette charte, pour donner un témoignage de la bonté qu'elle avait pour ces religieux.

» Tout, en effet, devait inspirer la pieuse dévotion de leur faire du bien. Aussi paraît-il que ce lieu ne tarda pas à devenir un monastère considérable par les biens que ces religieux recevaient et par le nombre de ceux qui s'y retirèrent, puisque les débris des cloîtres, murs et ancienne chapelle dédiée à la Sainte-Vierge, dite Notre-Dame de Franchard, font encore preuve d'un assez grand monastère, quoique désolé et ruiné pendant les guerres des Anglais, qui, n'ayant pu emporter les terres qui en faisaient le revenu, firent naître à quelques-uns la pensée de profiter de ces temps de nuage pour en devenir les légitimes usurpateurs, et à d'autres, de les retenir sans crainte, sous prétexte d'une nomination du roi, et d'en dissiper ou aliéner totalement les biens pendant environ 150 ans que les rois y ont nommé différens particuliers, jusqu'au 4 avril de l'an 1676, que le roi Louis XIV, sur la démission de Louis du Saussois, remit ce titre, sans revenu, aux religieux Mathurins de Fontainebleau, qui, l'une des fêtes de la Pentecôte, allaient y faire l'office dans l'ancienne chapelle qu'ils avaient fait rétablir, et qui, comme tout cet ermitage, a été totalement détruite par ordre du roi, en 1712, dans la crainte que ce lieu ne devînt un asile de débauche ou une retraite de voleurs.

» On détruisit dans le même temps et pour la même raison, l'escalier et partie d'un belvéder ou pavillon carré percé de quatre croisées, et élevé sur quatre piliers que le roi avait fait construire pour donner à la reine le plaisir de voir les beaux points de perspective de la plaine de Macherain. »

En quittant Franchard, on devra aller visiter la Roche qui pleure, du haut de laquelle se dessinera aux yeux du spectateur le site le plus pittoresque de la forêt, à cause des masses de rochers qui se succèdent à l'infini : il semblerait que le déluge a passé par-là, tant la nature a un air sauvage et agreste. Cette roche est tout au plus à la distance d'une portée de fusil de l'ancien ermitage. Son nom lui vient de l'eau qui en coule presque continuellement, et ne tarit qu'à la suite d'une grande sécheresse; sa chute d'eau, presqu'imperceptible, résulte de la structure naturelle du rocher, qui, étant un peu concave à la superficie, retient ce que les pluies y versent : l'infiltration se faisant lentement, a donné lieu aux habitans des campagnes voisines de regarder comme un phénomène ce qui, en réalité, est la chose la plus ordinaire du monde. La superstitieuse niaiserie d'un public encore peu éclairé, a contribué tellement à accréditer l'opinion que l'eau de la Roche qui pleure est douée d'une vertu particulière, qu'on a fini par y croire.

Il n'est donc pas rare d'y rencontrer, non-seulement de bonnes femmes à genoux, une fiole à la main, placées de manière à recevoir quelques gouttes de cette liqueur bienfaisante, mais aussi des dames portant de fort jolis chapeaux, chaussées de la guêtre bien serrée ou de l'élégant brodequin. Les larmes qui s'échappent du sein de cette roche miraculeuse ont la réputation de guérir chez les enfans certaines maladies, et de donner de la force aux rachitiques : c'est aussi un *spécifique unique* pour les maux d'yeux, et il est telles personnes qui, depuis vingt ans, en font usage sans être plus avancées : preuve, par-conséquent, qu'il ne produit pas plus d'effet que les élixirs criés avec tant d'emphase par des charlatans au milieu de nos places publiques. Mais laissons au peuple ses croyances, quand elles sont de la nature de celles-ci; il y a d'autres objets sur lesquels il est bien préférable de l'éclairer; lui inspirer l'amour de ses devoirs, le respect aux lois et l'attachement au souverain : voilà la vraie, l'unique philanthropie. Revenons donc à la forêt, et continuons notre première promenade.

Non loin de la Roche qui pleure, dans les gorges de Franchard, il existe une grotte à laquelle sa situation, sa structure et son réduit mystérieux ont fait donner la dénomination d'*antre des druides*. Il faut la visiter; elle mérite d'être vue : un chemin commode, nouvellement établi y conduit.

De la pointe de ces montagnes de

roches, on découvre une plaine immense se développant majestueusement devant les yeux du spectateur ; c'est la plaine de Macherain et de Barbison, lieu chéri des peintres, et où Lantara, en gardant les vaches de son maître, puisa les premières idées artistiques qui lui ont fait une réputation bien méritée, et qui l'eussent conduit à la fortune s'il eût eu le bonheur de recevoir une éducation convenable. Quelques mots sur sa vie et ses peintures me semblent bien placés ici.

Lantara (Simon-Mathurin), peintre de paysage, est né en 1749, dans un village des environs de Nemours, dans l'arrondissement de Fontainebleau. Issu d'une famille très pauvre, il fut obligé, pour vivre, de devenir domestique. C'est en gardant les vaches de son maître, qui habitait le village de Chailly, que, sans s'en douter, il apprit à peindre. Avec de grands talens, il avait les mœurs, l'insouciance et la simplicité d'un enfant. On en profita souvent pour avoir ses tableaux à vil prix : aussi Lantara mourut-il à l'hôpital de la Charité de Paris, le 22 décembre 1778. Ses tableaux sont très rares et se vendent fort cher. Il fut un des peintres qui possédèrent au plus haut degré la connaissance de la perspective aérienne : l'aurore n'est pas plus fraîche que ses *points du jour*; ses *couchans* sont d'une vérité admirable, et le ton argentin de ses *clairs de lune* est au-dessus de tout éloge. On a joué, au mois d'octobre 1809, une jolie pièce intitulée : *Lantara* ou *le Pein-*

re au cabaret. Elle est de MM. Barré, Picard, Radet et Desfontaines.

Aujourd'hui Franchard n'est plus, comme le dit fort bien le poète de Fontainebleau, maître Durand, qu'un site champêtre, où se réunissent chaque année, le mardi de la Pentecôte, et la ville et la campagne pour boire, chanter et danser sur la pelouse, à l'ombre des chênes, et surtout pour payer un tribut d'admiration à la Roche qui pleure.

Après avoir parcouru les gorges sauvages de Franchard, on reviendra sur ses pas : la futaie du Chêne-Brûlé sera de nouveau traversée pour aller reprendre la route Ronde et la suivre jusqu'à la croix du Grand-Veneur sur celle de Paris : de là on se dirigera vers le rocher des Deux-Sœurs, qui n'en est pas éloigné. Sa situation sur l'une des hauteurs qui dominent la vallée de la Solle est magnifique : on y découvre une plaine immense, boisée et entourée de tous côtés de montagnes de roches d'une grande élévation. La vallée, qui est de forme elliptique, ressemble presqu'à un jardin anglais; des routes la coupent dans tous les sens, et on peut la regarder comme l'une des plus agréables promenades d'été dans la forêt de Fontainebleau.

Du rocher des Deux-Sœurs, la vue s'étend à une très grande distance, puisque l'on découvre le plateau planté en vignes sur lequel s'élève le village de Chartrettes, celui de Massouri; puis, un peu plus sur la droite, Barbeau, lieu historique, autrefois abbaye célèbre, où les cendres du roi Louis VII ont reposé pendant de longues années (7).

En partant du rocher des Deux-Sœurs, il faudra suivre le chemin des hauteurs de la Solle, arriver jusqu'à la route de Melun, la traverser ainsi que le pavé de l'ancienne croix de Toulouse, faire le tour de la butte à Ganay, plateau calcaire, en partie déboisé, et d'où l'on découvre au loin le cours de la Seine, les riches côteaux qui la bordent, et les villages de Thomery, Champagne, Samoreau avec ses roches noires, enfin Vulaines, toute la plaine de Machaux et jusqu'au bourg de Valence, situé à cinq lieues de ce point, sur la grande route de Melun à Montereau; de là se diriger vers la montagne du Calvaire, du haut de laquelle apparaît, jusque dans les plus minutieux détails, la ville de Fontainebleau, le village d'Avon et les jardins productifs du hameau de Changy, qui fournit de légumes tout le canton.

Descendre du Calvaire par la route de Calèche, qui se trouve à gauche, en faisant face à la ville, arriver jusqu'à la petite chapelle de Notre-Dame de Bon-Secours, jeter un coup-d'œil sur ce monument modeste, ne pas oublier le tableau du plafond, peint par Blondel, et qui rappelle le souvenir du fait dont nous avons parlé à la page 222; ensuite gagner le carrefour des Huit-Routes, aller voir, à l'extrémité du mont Ussi et au bas de celui dit le Nid-de-l'Aigle, un vieux chêne de 21 pieds de tour à sa base, que les peintres ont nommé le

Charlemagne. Cet arbre a ceci de remarquable, qu'il est planté sur un rocher dont les racines embrassent le pourtour. Sa position, sa structure et la physionomie naturelle qui le distinguent, le font rechercher des paysagistes, qui lui donnent de 4 à 500 ans.

Après avoir visité ce caduc habitant de la forêt, on remontera la futaie des *Fausses-Rouges*, et l'on rentrera à Fontainebleau par la route du roi, établie dans les années 1830 et 1831, laquelle vient aboutir au carrefour du Mont-Pierreux.

Cette promenade, qu'il est nécessaire de faire en voiture, à cause de sa longueur, durera près de 5 heures. Elle sera d'autant plus intéressante, qu'elle embrasse presqu'entièrement le pourtour du bassin de Fontainebleau.

DEUXIÈME PROMENADE.

DE FONTAINEBLEAU A LA MARE AUX ŒVÉES.

Sortir, comme dans la première promenade, par la barrière de Paris jusqu'au haut de la montagne; voir si l'on veut, en passant, les deux arbres appelés Bouquets du roi et de la reine, la futaie dite la Tillaye, à cause des tilleuls qu'elle renferme, et qui sont d'une belle venue; gagner ensuite la route à la Reine à travers la vieille futaie du *Gros-Fouteau*. Ce nom, qui dérive de *fagus*, hêtre, lui vient de ce que là était autrefois un arbre de cette essence, ayant 24 pieds de tour, que l'on appelait vulgairement le *Pot à la graisse*, parce qu'il avait une plaie d'où coulait continuellement une humeur végétale ressemblant à de la graisse ; prendre ensuite la route à Dimps, nom que lui a laissé un marchand de bois qui l'a réparée et qui a fait oublier la dénomination de chemin des Ligueurs, qu'elle eut autrefois et que je trouve bien préférable, parce que, avant l'ouverture de la route actuelle de Melun, qui ne date que de 1664, c'était la seule voie de communication entre les deux villes (8).

A l'entrée des carrières, il faudra tourner à droite, suivre la route calcaire des hauteurs de la Solle, et examiner de là le beau paysage de cette vaste gorge bordée de roches s'élevant à perte de vue; on traversera ensuite la route à Dimps, dont il a déjà été question : on tournera le mont Saint-Père, en suivant celle qui y a été établie. A cet endroit apparaîtront, comme par enchantement, les gorges d'Apremont, le rocher Cuvier-Chatillon, la très vieille futaie du Bas-Bréau, qui joint la route de Paris, et, enfin, les vastes plaines de Chailly et des environs.

On viendra ensuite à la belle Croix, et, sur le revers du pavé, on verra le *Clovis*, chêne dont les racines sont baignées par les eaux pluviales que reçoit une mare garantie par son ombrage; point de vue délicieux, cent mille fois répété peut-être par les paysagistes, depuis Lantara jusqu'à nous.

En tournant à droite, on pourra aller visiter le rocher Saint-Germain, dont l'exploitation a été interrompue, parce qu'elle eût nécessité la rupture d'une route, ensuite par la raison plus concluante encore, qu'en cet endroit le grès est d'une plus grande dureté que partout ailleurs, et qu'en général les carriers, faisant un métier déjà assez dur, n'ont pas besoin d'aller exploiter les parties de forêt où ils seraient obligés de quintupler leur force ou de mourir de faim.

De là il faudra diriger sa course vers le cabinet de Monseigneur, autrement dit le beau Tilleul, puis gagner le carrefour de Bellevue.

Ici, il sera nécessaire de s'arrêter pour admirer l'un des plus beaux points de vue de la forêt. De quelque côté qu'on se tourne, tout est grand, tout est majestueux, tout porte à l'ame : là un tertre blanc rappelle ces monts couverts de frimats et de neige étincelante. En face de soi, le plateau si productif de Juvisy, sur la grande route de Paris à Fontainebleau ; à droite, les plaines de la Brie, et, sur la pente de la colline, l'une des plus anciennes villes de France, la ville de Melun, chef-lieu du département, avec son église enterrée au milieu de maisons mal construites, et l'hôtel de la préfecture planant presque sur tout le ressort de sa juridiction.

On aura bien de la peine à quitter Bellevue; mais enfin, il faudra s'en séparer : alors on reprendra la route tournante sur les monts Fays, ainsi nommés du hameau qui n'en est pas à une grande distance, et on descendra la route de Calèche du rocher Canon pour arriver au point de *mire*, à la mare aux *Evées*, qui mérite ici une mention honorable.

C'est par corruption de mot que cette mare, naguère un marais dégoûtant, a été nommée ainsi. On assure qu'avant la révolution elle était très poissonneuse; ce qui ferait supposer que son nom lui vient de l'adjectif *œuvé*, *ée*, qui s'applique aux poissons portant des œufs. Les habitans du pays, au contraire, faisant dériver, eux aussi, de *œuf* le mot *œuvée*, qui, dans ce cas, n'est pas français, prétendent que c'est à cause du grand nombre de couvées de canards sauvages qu'elle a été vulgairement appelée ainsi.

Sans nous arrêter à une définition qui, d'ailleurs, est sans importance, nous dirons qu'avant 1830 la mare aux *OEvées* était un vrai cloaque, un repaire de crapeaux et de bêtes aussi horribles.

A cette époque, afin de donner de l'occupation aux ouvriers sans travail et sans pain, le roi Louis-Philippe fit consacrer une somme assez considérable à l'assainissement de ce marais malsain; alors des tranchées ont été ouvertes dans toute la longueur; les terres rejetées sur les côtés sont aujourd'hui couvertes de jeunes plantations dont on a tout lieu d'espérer la réussite. Un bassin a été creusé au milieu pour resserrer les eaux dans un espace moins considérable, en sorte que ce terrain, d'environ 32 arpens d'étendue, est aujourd'hui sauvé des inondations et rendu à la culture.

Le 5 octobre 1834, le roi Louis-Philippe étant à Fontainebleau, voulut s'assurer par lui-même dans quel état étaient les nombreuses plantations jusque-là exécutées par ses ordres dans la forêt : la mare aux *OEvées* ne fut point oubliée. A son retour de Melun, où sa majesté était allée passer en revue la garde nationale de cette ville, elle s'y fit conduire, y mit pied à terre et la parcourut dans tous ses sens. Déjà elle était dans un état salubre, qui, d'année en année, ne fera que s'améliorer. Ce lieu si pittoresque, si cher aux habitans de Melun, dont il est la promenade favorite, est donc devenu, grâce à la sollicitude du roi des Français pour la classe pauvre du pays, un rendez-vous d'été plein de charmes, un jardin public que visiteront toujours avec une nouvelle satisfaction les nombreux voyageurs attirés à Fontainebleau par ses souvenirs, les belles choses que renferme son palais et les admirables sites de sa forêt.

En quittant la mare aux *OEvées*, on ira visiter la Table du roi, où, dans l'ancien régime, le 1er mai de chaque année, les officiers des eaux et forêts se réunissaient autour d'une grande table de pierre pour recevoir au nom du souverain les hommages de certains usagers, et percevoir leurs redevances.

Voici dans quel ordre ils étaient appelés :

1° L'abbesse du Lys, près Melun, ou quelqu'un de sa part, un jambon et deux bouteilles de vin.

Le boulanger du four à ban du roi de la ville de Melun, un grand gâteau.

Les habitans du faubourg des Carmes et un canton appelé le *Petit-Clos*, de la paroisse de Saint-Ambroise de Melun, cinq deniers pour chaque feu.

Les pêcheurs de poisson de l'étendue de la maîtrise des eaux de Fontainebleau, du poisson le plus beau.

Le maître des hautes-œuvres de Melun, un grand gâteau et deux deniers.

Enfin, chaque nouveau marié et les nouveaux habitans de l'année dudit canton appelé Petit-Clos, un gâteau et cinq deniers, à peine de 60 sols d'amende.

De la Table du roi on ira par la route de Melun jusqu'aux ventes Bouchard : là on prendra la route qui les traverse, et l'on parcourera la plaine des Ecouettes, futaie d'un aspect tout-à-fait pittoresque, boisée de chênes, de bouleaux et de genevriers des plus belles formes; puis, après avoir traversé la route de Bourgogne, il faudra aller visiter le lieu dit *Pavillon chinois*, parce que l'infortunée Marie-Antoinette en avait fait bâtir un dans cette forme, où elle se rendait souvent pour suivre les progrès de la végétation d'une collection d'arbres exotiques qu'elle y avait fait planter. En 1793, ce pavillon a été détruit; il n'en reste aujourd'hui que les décombres : tout autour l'on voit avec plaisir de très beaux pins de lord Weymouth, des pins sylvestres et de Riga, des genevriers de Virginie, des épicea, des catalpa et des tulipiers, tous d'une belle venue et promettant de fournir encore une longue carrière.

Du pavillon chinois on viendra faire une pose à la croix de Toulouse, ainsi nommée, parce qu'elle fut érigée sous Louis XIV, par son fils naturel, le comte de Toulouse, grand-veneur de France; c'est un vaste carrefour. Là avaient lieu autrefois, le jour de la Saint-Hubert, les rendez-vous de chasses qui attiraient un immense concours de courtisans et une foule de curieux.

En cet endroit, deux directions se

présentent pour retourner à Fontainebleau.

La première, en suivant la route de Bourgogne jusqu'à l'ancien ermitage de la Madeleine, dont le père Guilbert, que nous avons déjà cité, a fait la description suivante :

« La magnifique situation et les riches points de vue de cet ermitage situé sur une colline, à l'orient de cette forêt et sur les bords de la Seine, qui forme un très vaste canal à ses pieds, sont de sûrs garans que nul voyageur ne se repentira d'avoir fait une petite lieue pour le visiter. Louis XIV avait eu l'intention, en 1684, de faire en cet endroit une petite maison de plaisir sur le modèle du château de Marly ; mais les dépenses nécessaires de l'état ayant mis obstacle à ce projet, on en est resté aux dessins qui avaient été proposés pour l'exécution.

« Cet édifice fut bâti en 1617 ou 1618, par Jacques Godemel, dit de la Chapronnaie, gentilhomme breton, qui, n'ayant pas réussi, selon ses imaginations, dans le dessein d'établir un ordre de chevalerie sous le titre de Sainte-Madeleine, pour poursuivre les duélistes, obtint de Louis XIII la donation de ce lieu, dit la Fontaine du Roi, à cause de celle que l'on y voit, consistant environ en trois arpens de terre, et y bâtit une chapelle, dite de la Madeleine, et une maison pour y demeurer et y observer, suivant son vœu, la vie érémitique, marchant nus-pieds, portant sur une robe grise une grande croix de satin rouge, avec les chiffres de la Madeleine, qui auraient été ceux du collier de son ordre, suivant que cette belle pécheresse, qui lui était, disait-il, apparue, lui avait inspiré, et il se faisait appeler le chevalier de la Madeleine. Mais la vie peu commode de cet ermitage, et sa mauvaise santé, lui faisant appréhender des infirmités à venir qu'un frère Duplat, religieux minime des Bons-Hommes de Nigeon, près Passy, lui faisait utilement entrevoir, et le peu de secours qu'il devait espérer de son fils, âgé seulement de 15 ou 16 ans, en cas de maladie violente, déterminèrent cet homme à se dessaisir de tous ses biens, de cet ermitage, dépendances, meubles et appartenances en faveur des Minimes de Passy, en considération des services dudit Duplat, et à leur en faire donation en la meilleure forme, par un contrat passé le 11 janvier 1625, réservant seulement à son fils la bonne volonté de ces religieux, qui seraient tenus, selon la convention du contrat, de lui fournir le nécessaire, selon le vivre érémitique, en cas qu'il fût fidèle observateur des commandemens de Dieu, et non autrement, comme porte le contrat de donation, pour servir de modèle à ceux qui, par une prétendue piété, enrichissent les ministres d'un Dieu pauvre d'un bien qu'ils volent à leurs légitimes héritiers.

« Cette donation, cependant, n'eut point lieu; je n'ai pu en découvrir la cause : il paraît même que les Minimes n'eurent aucune connaissance ni du contrat ni de la donation, puisqu'ils ont toujours ignoré totalement ce traité.

« Cet ermite y mourut en effet, dit André Fauvin, dans son Théâtre d'honneur et de chevalerie, sous le nom de *Chevalier pacifique*, après avoir voulu déclarer la guerre et troubler toutes les familles par les poursuites que son ordre aurait entrepris, s'il eût eu lieu; et il fut remplacé par un religieux de l'ordre des ermites de Saint-Augustin, qui, étant mort huit ou dix ans après, laissa le champ libre à un des jardiniers du Luxembourg de Paris, qui, s'en étant emparé, fit du jardin un semis de jeunes arbres fruitiers, et laissa tomber en ruine la maison et la chapelle; ce qui obligea Louis XIV de révoquer, en 1651, toute donation ci-devant faite, et de donner cet ermitage en pure propriété aux Carmes des Basses-Loges, qui en jouïrent paisiblement jusqu'en 1657, qu'un certain Dumonceau, grand-audiencier de France, en ayant surpris une donation du roi, qui ne révoquait pas celle des Carmes, y logea des huguenots, changea l'oratoire en une grange, et la maison du Seigneur en une caverne de brigands, qui, ayant été chassés par les juges de Fontainebleau, ou punis pour leurs vols ou assassinats, en 1675 et 1676, furent obligés de restituer l'ermitage et les dépendances auxdits Carmes, qui, se voyant paisibles possesseurs, en donnèrent la jouissance, en 1677, à un ermite du Tiers-Ordre, qui en fut bientôt chassé par les gens dudit Dumonceau, qui, ayant brisé à coups de hache l'image de la croix du Sauveur et les armes du roi, furent arrêtés, et ledit Dumonceau condamné à 24 livres d'amende envers le roi, aux dépens du procès et au rétablissement dudit lieu, qui, en vertu de nouvelles lettres patentes du roi, de l'an 1677, fut donné de nouveau aux Carmes des Basses-Loges, qui en reprirent possession au mois de septembre de la même année, et en restèrent seuls et paisibles possesseurs.

« Le concours de dévotion qui s'y faisait autrefois par des gens en santé, le jour de la fête de la Madeleine, le 22 juillet, a été changé après en une quantité de malades qui crurent trouver du soulagement dans les remèdes d'un particulier qui occupait cet ermitage par permission des Carmes.

« Le nom de Fontaine du roi, que porte le terrain où est bâti cet ermitage, annonce suffisamment les belles eaux qu'un petit canal souterrain pris sous une basse voûte d'environ six pieds de haut, amène de la plaine de Samois dans un bassin carré en forme de regard, et conduit par un souterrain de près de 3000 toises jusqu'au réservoir de la charité d'Avon, d'où elles sont distribuées aux prés, fontaines et autres endroits du château.

« Cet ouvrage est du règne de Louis-le-Grand, qui le fit exécuter sur le dessin de Varin père, en 1684, n'y ayant auparavant qu'un simple courant d'eau, dont une partie se perdait. »

En quittant la Madeleine, on longera la route du bornage de la forêt, au-dessus du port de Valvins, et l'on viendra descendre aux Basses-Loges. « Là était jadis un prieuré dédié à Saint-Nicolas. Il fut fondé en 1310, par Henri de Haulthey, sire de Lois, chanoine de Roye en Vermandois, qui, touché de charité pour les pauvres, fit donation au ministre de la principale maison de la Charité de Notre-Dame, dans le diocèse de Châlons en Champagne, de sa maison garnie de six lits et des autres meubles et ustensiles nécessaires pour loger six pauvres passans, et de 10 livres de rente à prendre sur tous ses biens pour leur subsistance et la nourriture de deux religieux dudit ordre, qui devaient en prendre soin et leur donner tous les secours spirituels; ce qui fut augmenté, en 1352, par la donation que fit Bouchart de Montmorency, de 20 livres de rente à prendre sur les ponts et moulins de Samois, aux conditions de cinq messes par chaque semaine ; mais ces ponts et ces moulins ayant été ruinés et les campagnes ravagées pendant les guerres des siècles suivans, et ces deux fondations n'ayant pu avoir lieu, Denis de Chailly, seigneur de Changy, donna auxdits religieux sa terre et seigneurie de Changy, l'an 1456, aux conditions de cinq messes par semaine et de deux obits par an ; ce qui rétablit une partie de la fondation, mais non l'hôpital.

« Dans la suite des temps, l'ordre de la Charité, qui possédait cette maison, étant tombé dans une décadence presqu'irréparable, et ne voyant aucune espérance de jamais se rétablir, les religieux Carmes de la province de Touraine acceptèrent les offres que leur firent ceux de la Charité de leur succéder ; acquittèrent leurs dettes, leur firent des pensions viagères et prirent possession, le 15 février 1632, de ce monastère et de celui de Paris ; ce qui les fit nommer Billettes, comme leurs prédécesseurs, parce qu'ils étaient établis en place de la maison d'un juif, qui, l'an 1290, perça une hostie à coups de couteau, et la voulut jeter dans une chaudière d'eau bouillante ; ce qu'il ne put exécuter : d'où l'on a fait le nom de Billettes, *à Christo bulliente*.

» L'église de ce prieuré a été rebâtie l'an 1661, par la reine Anne d'Autriche, mère de Louis XIV, qui y venait ordinairement faire ses dévotions pendant le séjour du roi à Fontainebleau. Cette reine y mit la première pierre le 23 de juillet de la même année, et y fonda cinq messes par an.

» Les religieux de cet ordre, qui aspiraient à une vie plus solitaire et plus retirée, avaient dans ce couvent une très exacte réclusion, séparée des autres religieux par un grand enclos, un cloître régulier et une chapelle particulière où ils faisaient l'office le jour et la nuit, ne venant à la grande église que les dimanches et fêtes. Ceux qui obtenaient de leurs supérieurs la permission de s'y retirer, pouvaient demander à la fin de l'année la permission d'en sortir ou de continuer ; ils y observaient un exact et perpétuel silence, mangeaient toujours maigre, chacun dans leurs cellules, s'y appliquaient aux exercices de la vie spirituelle, et se récréaient à labourer leurs terres et à cultiver leur jardin.

» Cette solitude fut bâtie par les religieux, en 1585.»

Des Basses-Loges, on reviendra à Fontainebleau par la barrière de Valvins.

La deuxième direction est plus courte, à la vérité, mais bien moins intéressante que l'autre. Si on veut la suivre, il faudra revenir par le pavé de la croix de Toulouse jusqu'à la croix d'Augas, puis descendre la route de Melun et rentrer par la barrière de ce nom, après avoir longé la chapelle de Bon-Secours.

Cependant, si l'on tenait à ne pas quitter les lieux boisés, on pourrait revenir à Fontainebleau par le Calvaire, en prenant le chemin qui conduit à la butte à Ganay. La rentrée dans cette ville se ferait comme il a été indiqué dans la première promenade.

TROISIÈME PROMENADE.

DE FONTAINEBLEAU A LA GORGE AUX LOUPS.

Sortir de la ville par la barrière de l'Obélisque, suivre la grande route de Nemours jusqu'au pavé de Recloses ; le quitter là et prendre à gauche sur le plateau pour traverser la vieille futaie des *Erables et Déluge*, puis la cave aux

Brigands, lieu agreste et retiré; enfin les ventes Rigaut, pour arriver à la redoute de la vallée Jauberton.

Cette redoute rappelle l'invasion de 1814. A cette désastreuse époque, elle fut construite pour battre la grande route de Nemours et défendre Fontainebleau contre les incursions des cosaques de Platoff répandus dans le Gâtinais. Du sommet, on découvre Nemours et ses environs, les bois de Nanteau et la butte de Saint-Ange, au-delà de Moret.

En partant de là, on ira rejoindre la grande route de Nemours. Après l'avoir traversée, on se dirigera vers le carrefour des forts de Marlottes, et l'on admirera, en passant, une futaie de beaux chênes très sains et d'un grand prix; la gorge aux Loups la suit immédiatement : c'est un lieu très pittoresque, à cause de ses rochers, de leur disposition, ainsi que de celle des arbres qui s'élèvent au-dessus d'eux en forme de bouquets. Là se donnent souvent des fêtes champêtres, parce que, sur le plateau, est une mare qui ne tarit jamais et fournit de l'eau pour les usages de la cuisine.

Sur le rocher qui se trouve dans l'espèce de cul-de-lampe de la gorge aux Loups, on lit cette inscription : *Rocher Bébé* : c'est une galanterie d'un des derniers grands-maîtres des eaux et forêts de l'Ile-de-France. Dans une partie de plaisir donnée là à l'occasion de la présence de ce fonctionnaire, il devint amoureux d'une jeune demoiselle du nom de *Bébé*, le fit graver sur ce rocher comme pour perpétuer le souvenir de l'impression qu'elle avait faite sur lui.

En quittant la gorge aux Loups, rejoindre la route Ronde et gagner la pointe de l'endroit nommé les *Ecuries à la reine*; c'est un des plus beaux points de vue de la forêt : la perspective se prolonge dans un espace immense, où l'on ne découvre que des bois, mais si richement accidentés, mêlés de roches d'un effet si pittoresque, si chaudement éclairés par les rayons du soleil, qu'ils forment, malgré leur sauvage uniformité, un des plus beaux spectacles qu'on puisse décrire. Des Ecuries de la reine, reprendre la route Ronde et la suivre jusqu'à la croix du Grand-Maître. Là, choisir entre les deux directions suivantes :

1° Prendre le chemin de Sorques, et gagner le rocher Benard, dans lequel sont les plus beaux bouleaux et les plus intéressans genevriers de la forêt; le suivre pour arriver au hameau des Sablons, prendre ensuite la futaie des Fraillons, passer au carrefour de la petite Haie, longer le mont Andar, venir reprendre la route de Moret, en laissant à droite le village d'Avon, et rentrer à Fontainebleau par la barrière de l'Obélisque.

2° Gagner le carrefour des Accacias; suivre ensuite le pavé de Thomery jusque sur les hauteurs de ce village, pour admirer les beaux sites des bords de la Seine en aval et en amont, ainsi que le riche côteau couvert de murailles chargées de treilles; de-là gagner le pavé du

Prince sur la hauteur du hameau d'Effondré. Arrivé à la croix de Vitry, on choisira, pour revenir à Fontainebleau, l'une des trois routes suivantes : 1° celle de Moret jusqu'à la barrière de l'Obélisque ; 2° celle de Bourgogne par les Basses-Loges et le pavé de Valvins ; et enfin le chemin qui conduit presqu'en ligne droite à la garenne d'Avon.

On peut encore, de la croix de Vitry, aller par la route de Bourgogne jusqu'à la hauteur du parc Saint-Aubin ; à cet endroit le point de vue est admirable et remplit l'âme de douces émotions.

« Là, c'est un fertile coteau,
« Baigné des premiers pleurs de la naissante aurore,
« Où d'énormes raisins que la pourpre colore
« Font ployer mollement le flexible rameau ;
« Là, des arbres taillés, là des bois sans culture ;
« Ici, le sommet d'un château ;

« Plus loin, le toit fameux d'une cabane obscure,
« Descendent sur les flots se peindre en miniature;
« Et sur les bords de ce tableau,
« Toujours mouvant, toujours nouveau,
« Que déroule à mes yeux la superbe nature,
« J'aperçois encore un troupeau
« Broutant les fleurs et la verdure,
« Tandis que son berger, penché vers l'onde pure,
« S'abreuve, à deux genoux, dans le creux d'un chapeau. »

BERTIN (*Voyage de Bourgogne*).

De St-Aubin prendre la route tournante sur le bois Gauthier : elle est d'autant plus belle, qu'elle domine de ce côté-là tout le cours de la Seine, et qu'elle plane sur le village de Samoreau, où l'on remarquera une modeste en même temps que jolie maison de campagne appartenant au lieutenant-général comte Durosnel, ancien aide-de-camp de Napoléon, aujourd'hui aide-de-camp du roi Louis-Philippe, et que l'armée tout entière pleura, parce que le bruit de sa mort, à la bataille d'Esling, avait pénétré jusque dans les derniers rangs des soldats.

A droite de cette route, et tout-à-fait sur le revers du côteau, dont la base est baignée par les eaux de la Seine, on trouve une très belle fontaine, de fort bonne eau : c'est un lieu magnifique de rendez-vous champêtre, et qu'on ne saurait assez recommander aux personnes qui veulent se procurer les agrémens d'une belle promenade, dans le but de la couper par un repas sur le gazon et aux bords d'une onde claire et pure. De cette fontaine, on revient par le moulin et le pavé de Valvins, en traversant les Basses-Loges.

Cette troisième promenade, qui pourra durer de cinq à six heures, en la poussant jusqu'au point le plus éloigné, est sans contredit l'une des plus intéressantes, parce que la vue sera continuellement récréée par des objets nouveaux.

QUATRIÈME PROMENADE.

—

DANS LES PARTIES LES PLUS SAUVAGES ET LES PLUS AGRESTES DE LA FORÊT, EN PRENANT TOUJOURS POUR POINT DE DÉPART FONTAINEBLEAU, ET POUR POINT DE RENDEZ-VOUS, FRANCHARD.

PREMIÈRE DIVISION.

Sortir de Fontainebleau par la barrière de Paris, prendre le chemin de Fleury, ou longer le mur du grand Parquet pour monter de là sous la futaie de la Tillay, et traverser ensuite les plantations de la fosse au Rateau; tomber sur la route Ronde et se diriger sur Franchard, soit par le chemin du puits aux Géants, soit par la futaie du chêne Brûlé; descendre la route de calèche de la *Roche qui pleure;* monter sur les hautes plaines, et de là aller admirer le vaste et magnifique panorama que l'on découvre à l'extrémité des ventes Barbier.

Revenir, en traversant de nouveau les hautes plaines et la route Ronde, au carrefour du Belvéder, d'où l'on découvre presque toute la portion centrale de la forêt, en tenant le point de Fontainebleau à sa gauche.

Reprendre la route Ronde, passer ensuite au carrefour de la gorge du

Houx, et arriver au mont Aigu, du haut duquel Fontainebleau, les plaines de Changy et de Vulaines apparaissent comme si on les avait à ses pieds.

Rentrer en longeant le mur du grand Parquet et le bâtiment de la Faisanderie.

C'est une promenade d'environ quatre heures.

DEUXIÈME DIVISION.

Après avoir visité Franchard, la Roche qui pleure, l'antre des druides et toutes ces gorges hérissées de rochers, il faudra traverser les ventes Caillot, les pins du rocher de Milly, le lieu dit Trappe-Charrette, ou plutôt *Attrape-Charrette*, parce qu'il était autrefois inabordable pour les voitures, et de là arriver au carrefour des grands Feuillards.

De ce carrefour, tourner vers la route Ronde, passer à la mare aux Corneilles, où sont de beaux chênes épars recherchés par les paysagistes, et arriver à la croix de Souvray, sur la grande route de Fontainebleau à Orléans.

Suivre ensuite la route Ronde jusqu'à la mare du parc aux Bœufs, lieu magnifique pour les fêtes champêtres, et arriver au carrefour de Recloses; là, prendre le chemin qui vient de ce village, le continuer jusqu'à la grande route de Bourron, et rentrer à Fontainebleau par la barrière de l'Obélisque.

En sacrifiant une demi-heure de plus, au lieu d'arriver jusqu'à l'obélisque, on prendrait un peu plus haut que l'angle du mur du grand Parquet, et à la suite du rocher Bouligny, un chemin qui conduirait directement au bas de la montagne, dit le mail de Henri IV; près de là se trouve une jeune et belle futaie de pins sylvestres : c'est le résultat d'un semis fait en 1785, avec des graines apportées de Riga. Ces arbres parviendront-ils, comme leurs pères, à procurer un jour à la France ces belles et solides mâtures que nous sommes obligés de tirer de l'étranger? Nous devons l'espérer, et Castel, dans son poème sur la forêt de Fontainebleau, nous l'a prédit.

Voici les vers qu'il a consacrés aux pins :

Un peuple d'arbres verts nous appelle à son tour;
Né près de la Baltique, il orne ce séjour,
Occupe les coteaux rebutés par nos chênes,
Et prospère au milieu de stériles arènes.

Honneur à Lemonnier qui sur cet heureux bord,
A fait croître et fleurir les parures du nord !
Par lui, Fontainebleau voit, malgré la froidure,
Au front de ses rochers éclater la verdure ;
Et nos ports n'auront point compté cinquante hivers,
Les mâts qu'il a semés vogueront sur les mers.

Du mail de Henri IV, du haut duquel on aura été admirer la ville, son palais, ses jardins et ses alentours si pittoresques, on reviendra à Fontainebleau en suivant l'avenue de Maintenon jusqu'à la route de Moret, et on rentrera par la barrière de l'Obélisque.

TROISIÈME DIVISION.

De Franchard, gagner le carrefour de la gorge aux Néfliers, franchir les monts Girard et prendre la nouvelle route de calèche qui traverse les gorges d'Apremont, lieu sauvage, entièrement hérissé de rocs bizarrement groupés, dans l'état de nature la plus complète, et offrant l'aspect le plus extraordinaire qu'on puisse imaginer. En suivant toujours la même route, on passera aux pieds de deux vénérables chênes, le *Henri IV* et le *Sully*; l'un a 14 pieds de circonférence, et l'autre 12. Tous deux ont été dessinés par les peintres et les paysagistes sous les différens aspects qu'ils présentent à la vue. Près de là est le *dormoir* des vaches de Barbison, lieu chéri des artistes : on le parcourera à peu près en ligne droite. Non loin, sur la gauche, est le rocher de Marie-Thérèse, dont la forme ressemble à celle d'un champignon.

Du *Dormoir* des vaches de Barbison, on se rendra à la futaie du Bas-Bréau, puis à la route de Paris, en ne perdant pas de vue toutefois d'aller visiter en passant l'arbre de la reine Blanche, ce chêne, de 18 pieds de circonférence, admirable sujet d'étude pour tous les artistes.

Il faudra ensuite remonter vers la belle Croix par le pavé qui longe le rocher Cuvier-Châtillon; puis prendre la route tournante sur les monts Saint-Père, et revenir à Fontainebleau par celle des hauteurs de la Solle ou par la futaie du gros *Fouteau*.

Cette division de la quatrième et dernière promenade pourra durer environ cinq heures.

Ces quatre promenades ne comprennent que la forêt de Fontainebleau proprement dite. Si l'on était tenté de parcourir sa lisière, il faudrait choisir le côté méridional, parce qu'il est le plus intéressant par ses beaux points de vue et ses sites variés. Alors, après avoir visité la redoute de la vallée Jauberton et la gorge au Loup, comme il est indiqué dans la troisième promenade, on traverserait le long rocher par le pavé des *Etroitures*, ainsi nommé, à cause du rétrécissement de la gorge; on suivrait la route de Marlottes pour aller gagner les hauteurs du village de Montigny, d'où la vue domine une belle plaine baignée par la rivière et le canal de Loing. Au milieu de peupliers très élancés, s'offrira à l'œil une habitation isolée : c'est le château de Berville, que le général polonais Kosciusko (9) a habité pendant quelques années sous l'empire. En poursuivant, on arrivera au hameau de Sorques, et l'on visitera, à la maison dite la Gravine, le chemin de fer commencé pour l'exploitation des carrières du long rocher (10).

De là, on traversera la jeune plantation de pins de Marion-des-Roches, pour aller gagner la route de Moret par la garenne de Grosbois.

Si l'on n'est pas pressé de retourner en ligne droite à Fontainebleau, il faudra aller visiter les bords de la Seine, les villages de By, Thomery et Effondré, si remarquables par le commerce considérable de fruits qui s'y fait chaque année, et surtout parce que là se cultivent les treilles qui produisent l'excellent raisin connu sous le nom de *chasselas de Fontainebleau*. Les nombreux jardins de Thomery, village industrieux et riche, s'élèvent en amphithéâtre sur le côteau de la rive gauche de la Seine : ses rues sont des vergers; les murs de ses maisons sont tapissés de treilles parfaitement soignées. Chaque année, au mois de septembre, des mains délicates sont occupées à détacher les grains trop serrés sur les grappes dorées qui alors font l'ornement de ces treilles; l'osier, tressé en forme de paniers, reçoit ce beau chasselas, la bruyère le protége, et plus de 6000 paniers descendent chaque semaine à Paris, transportés sur de petits batelets que conduisent à tour de rôle d'intrépides et joyeux rameurs. En moins de trois mois, plus de 80 mille paniers de chasselas ont été expédiés de ce lieu, qui, sous tous les rapports, mérite d'être visité, surtout à l'époque de la récolte, dont le produit annuel ne s'élève pas à moins de 250,000 francs.

En face du village de Thomery, sur le penchant d'une colline escarpée, s'élève un fort joli château, dont la fondation est attribuée à François Ier. Là ce prince avait un vignoble qu'il faisait cultiver avec beaucoup de soins, et dont il tirait un excellent vin. Chaque année il venait lui-même assister à la vendange : c'était un jour de fête; chacun briguait l'honneur d'y être admis. Les femmes seules cueillaient le raisin; les hommes le portaient dans les cuves; mais, pour obtenir la faveur d'être comptée parmi les nombreuses vendangeuses que l'on réunissait alors aux *Pres-*

soirs du Roi, il fallait qu'une femme fût inscrite sur le carnet du prince : l'âge et les avantages physiques décidaient seuls son inscription.

Plus tard, la duchesse de Beaufort, la belle Gabrielle d'Estrées, dont le nom se rattache si intimement à la vie érotique du bon Henri, vint habiter les Pressoirs du Roi ; mais le mode de faire la vendange ne fut pas continué de son temps : jalouse et désireuse d'innovation, elle rassemblait pour cela les paysans et paysannes des environs, au milieu desquels son royal amant venait passer, disait-il lui-même, les momens les plus agréables de sa vie.

En quittant Thomery, on traversera le hameau d'Effondré, qui lui est tout-à-fait contigu, et à l'extrémité duquel on aperçoit le joli château de la Rivière. Cet ancien *castel*, entièrement rebâti à neuf, rappelle le souvenir d'un fils naturel de Louis XIV. En ce lieu, le comte de Toulouse réunissait ce qu'il y avait alors de plus remarquable en France, dans l'armée, au barreau, dans la littérature et dans les arts.

Le château de la Rivière est loin d'être déchu de son ancienne grandeur. Un homme qui, à lui seul, réunit tous les genres d'illustrations, le possède aujourd'hui et l'habite pendant les beaux jours de l'été.... Compagnon du grand capitaine, il n'a jamais perdu de vue, au milieu du fracas des armes, que ce n'était point assez pour son nom d'être inscrit sur le bouclier de Mars, mais qu'il devait encore l'enregistrer en traits ineffaçables sur les tablettes de l'immortelle Clio. (a)

Arrivé sur les hauteurs d'Effondré, on pourra revenir à Fontainebleau par la route de Moret ou l'ancienne route de Bourgogne et le pavé de Valvins. Si cependant on aime mieux faire cette course sous bois, on traversera les forts de Thomery et l'on arrivera presqu'en ligne droite au village d'Avon, beaucoup plus ancien que Fontainebleau, généralement habité par des jardiniers et des blanchisseuses. Il n'a de remarquable que son église, qu'il faudra visiter. Sous le porche, reposent deux hommes de mérites différens, Bezout et Dau-

(a) Le lieutenant-général comte Ph. de Ségur, pair de France, auteur de l'admirable *Campagne de Russie*, et d'autres ouvrages historiques du même ordre.

banton. Dans l'intérieur, au pied du bénitier, sur une modeste et étroite pierre, on lira ces mots : *Ci gît Monaldelsxi!* On connaît sa tragique histoire, son long assassinat, ses terreurs, ses supplications, l'inflexible cruauté d'une femme, le zèle chrétien du religieux qui, tantôt embrassait les genoux des meurtriers, tantôt revenait exhorter la victime. Mais, son crime, qui le sait? qui le saura jamais? Quittons ces lieux de triste mémoire, et rentrons à Fontainebleau, pour saluer de nouveau les beaux jours de la Renaissance qui viennent d'y reparaître comme par enchantement.

FIN.

La Forêt de Fontainebleau pendant les Fêtes du Mariage de Mgr le duc d'Orléans.

Mes quatre promenades étaient terminées. Je rentrais à Fontainebleau pour m'y reposer de mes longues excursions dans la forêt. J'y revenais avec le projet de reprendre mes occupations ordinaires. J'avais la satisfaction de penser que, moi aussi, je devais prendre part aux travaux qui s'exécutaient dans l'intérieur du palais, le plus ancien de la monarchie française, à l'occasion du séjour qu'allait y faire, pour le mariage de son fils aîné, l'auguste Chef de cette grande Famille qui compte, parmi ses enfans, plus de trente-deux millions d'ames.

Fatigué de mes courses, de mes explorations, je m'étais jeté sur ce vieux canapé, fidèle témoin de mes modestes travaux. Déjà je commençais à sommeiller, quand, tout-à-coup, je suis éveillé par le son des instrumens d'une musique militaire. Je me lève en sursaut, et me dirige vers l'endroit que m'indique l'écho qui les répète. Je traverse la ville; j'arrive à la barrière de la *Fourche*, sur la route de Paris. C'était le 27 mai 1837..... là je trouve une armée..... infanterie, cavalerie, artillerie, tout est pêle-mêle. Les trois armes fraternisent de la manière la plus franche, la plus cordiale; leur musique est confondue.

A droite et à gauche de la route des tentes sont dressées : c'est là que vont camper les deux bataillons du 6e léger (11), venus de Courbevoie à l'occasion des fêtes du mariage, et avec eux l'artillerie envoyée de Vincennes. Le 4e régiment de hussards restera, ici, dans ses casernes; il fournira au château le piquet à cheval et les escortes pendant le séjour de la famille royale.

Depuis le règne de Louis XV, depuis les beaux jours de Marie Leczinska, on n'avait pas vu de camp à Fontainebleau. *Le camp de plaisance* de Valvins, sur la rive droite de la Seine, entre les villages de Samoreau et de Vulaines avait été le dernier.

L'idée de celui-ci appartient au roi Louis-Philippe : c'est à sa sollicitude pour les habitans de la ville de Fontainebleau qu'un campement extérieur a été ordonné : c'est à lui que la population de l'arrondissement doit être reconnaissante des scènes militaires qu'elle a eues sous les yeux pendant quinze jours.

Le temps était magnifique, les pluies continuelles du printemps cessaient, et l'entrée de la famille royale à Fontainebleau a été éclairée par un ciel pur et d'une sérénité parfaite.

Ce n'est ici ni le lieu ni la circonstance de rendre compte des scènes touchantes qui ont marqué, dans cette résidence royale, le séjour d'une Famille si intéressante, si digne de l'amour de tous les bons Français. C'est une œuvre à part; il y a un livre à faire pour raconter ce qui s'y est passé, pour rappeler toutes les émotions qui y ont été éprouvées; quant à moi, pour le moment, je dois me borner à dire ce qui a eu lieu dans la forêt : c'est mon affaire : c'est une suite naturelle à ce petit livre pour lequel je réclame toute la bienveillance de mes lecteurs.

Plusieurs promenades ont été faites par la famille royale dans cette forêt qu'affectionnèrent François Ier, Henri IV, Louis XIV et Napoléon; je ne rendrai compte que d'une seule, parce qu'elle est unique dans son genre et parce qu'elle a laissé l'impression de souvenirs ineffaçables.

C'était le 2 juin, à deux heures après midi... toute la population de Fontainebleau venait de voir défiler par la Grande-Rue, se dirigeant vers la route de Melun, une suite nombreuse de voitures élégantes, à la tête desquelles était tout à fait découverte celle du Roi, ayant près de lui, S. M. la Reine, S. A. R. madame la princesse Adélaïde, Sa majesté la reine des Belges, LL. AA. RR. les princesses Marie et Clémentine, S. A. R. madame la duchesse d'Orléans et les ducs d'Aumale et de Montpensier.

Arrivée au Calvaire, la famille royale met pied à terre pour admirer la vue magnifique qui se déploie de ce point élévé; quelques personnes étrangères à la cour s'y trouvent réunies, et parmi elles, le colonel de Brack, commandant le 4ᵉ de hussards.

Le roi, la reine, madame la duchesse d'Orléans et les princesses royales Marie et Clémentine, sont à peine en face du monument religieux, qu'une musique masquée par les vieux pins et partant du fond des rochers, élève ses suaves accords jusqu'à eux et les frappe d'un doux étonnement. Le roi reconnait la musique du 4ᵉ régiment de hussards, et daignant s'approcher du colonel, le remercie de cette agréable surprise. La reine, S. A. R. madame Adélaïde et madame la duchesse d'Orléans, daignent répéter au colonel ce que vient de lui dire S. M.; madame la duchesse d'Orléans veut bien ajouter: *« Ah! c'est la prière de Zampa. »* Ce qui prouve aux assistans que rien dans notre France n'est étranger à S. A. R.

Le roi et son auguste famille, après avoir admiré l'un des côtés du magnifique panorama qui se développe devant eux, dans la direction du midi, font quelques pas à droite, pour observer le côté boisé de l'ouest; à peine sont-ils sur la pointe du plateau qui le domine, que des chants s'élèvent du fond des rochers; ils écoutent, et bientôt distinguent un chœur nombreux. Le roi et sa famille sont vivement émus, une larme mouille les yeux de madame la duchesse d'Orléans, car elle a reconnu les airs populaires du Mecklenbourg.

» Ma bien aimée, oh qu'il est beau le jour « où tu m'appartiens enfin ! combien ton « amour m'est cher! tu es tout mon bonheur! « tu es ma vie! vois la joie de mon père, vois « ma mère se penchant vers toi pour te serrer « dans ses bras!... Et la fiancée pleurait de « bonheur et d'amour. »

Le roi veut voir les chanteurs. Il s'avance de rochers en rochers, et enfin découvre, au-dessous de lui, le chœur que composent seuls les hussards alsaciens du 4e régiment. « Venez ma bien aimée fille », dit-il à la duchesse d'Orléans, et prenant son bras, il la conduit vers le chœur. L'émotion de S. M. et de son auguste Famille est visible.

Le roi écoute long-temps le chœur allemand qui, après la chanson de la fiancée, fait entendre celle des chasseurs, etc., etc. Une demi-heure s'écoule ainsi, pendant laquelle le roi, la reine, les princes, les princesses, témoignent à plusieurs reprises aux chanteurs leur vive satisfaction.

La famille royale remonte enfin en voiture et descend le rocher par une route charmante, nouvellement tracée par les soins éclairés de M. de Boisd'hyver, inspecteur de la forêt. Elle se dirige ensuite vers la route de Melun; elle est près de l'atteindre, lorsqu'un cri de *vive le roi* s'élève tout-à-coup et se prolonge sous la feuillée retentissante; le roi tourne la tête, et aperçoit un nombreux peloton à cheval de hussards du 4e régiment, qui aussitôt entonne en allemand un chant majestueux.

» Vive le roi! vive sa famille adorée! que « Dieu les bénisse, que leur bonheur soit aussi « grand que notre dévouement pour eux! etc.»

Le roi arrête sa voiture; salue et témoigne par les paroles les plus touchantes, la vive émotion que lui fait éprouver cette nouvelle surprise. S. M. ne continue sa route que lorsque les chants ont cessé.

Arrivé à la barrière de Fontainebleau, le roi retrouve encore la musique du 4e de hussards qui, à cheval, salue l'arrivée de S. M. par de brillantes fanfares. De retour au palais, le roi et sa famille répètent plusieurs fois dans la journée que la surprise causée par le 4e hussards a été l'une des plus aimables et des plus touchantes qu'ils aient jamais éprouvées.

NOTES.

—

(1) Je dis qu'il n'existe pas de fontaine dans la forêt de Fontainebleau, et je crois avoir raison par deux motifs.

Le premier, c'est que les deux espèces de sources que l'on rencontre sous le Mont-Chauvet, dans la vallée de la Solle et au Calvaire, ne sont réellement pas des fontaines. L'eau découle de la partie supérieure, au lieu de sortir de terre : elle n'a pas de courant et croupit aux moindres chaleurs.

On peut donc les considérer comme de véritables citernes, ouvrage des carriers qui, en les creusant, ont pensé qu'elles leur procureraient une eau saine et fraîche; mais ils se sont trompés.... Quand ils en ont le plus pressant besoin, elle leur manque.

A la vérité il y a une source d'eau vive qu'on pourrait, avec quelque raison, placer dans la forêt de Fontainebleau; c'est la fontaine du bois Gauthier à quelque distance du parc de Saint-Aubin, sur le mont Andar, en face du village de Samoreau. Sa position au-delà de la vieille route de Bourgogne, hors des limites naturelles de cette forêt m'a engagé à ne pas l'y comprendre. C'est du reste un lieu charmant; le point de vue y est admirable, les sites variés et très pittoresques; enfin, il est regardé par les amateurs de repas champêtres comme le rendez-vous le plus agréable en même temps qu'il est le plus commode, à cause de l'eau claire et pure que l'on y trouve en toute saison.

(2) ÆSCULUS. Virg.

. . . . Nemorum Jovi quæ maxima frondet
Æsculus. . . . .

Georg. II, 15.

Æsculus imprimis, quæ quantum vertice ad auras
Æthereas, tantum radice in Tartara tendit.
Ergo non hyemes illam, non flabra, neque imbres
Convellunt : immota manet, multosque per annos
Multa virum volvens, durando secula vincit :
Tum fortes late ramos, et bracia tendens
Huc illuc, media ipsa ingentem sustinet umbram.

Georg. II, 291-297.

Surtout ce chêne altier qui, perdu dans les airs,
De son front touche aux cieux, de ses pieds aux enfers.
Aussi les noirs autans, les vents et la tempête,
En vain rongent ses pieds, en vain battent sa tête,
Malgré les vents fougueux, l'orage et les torrens,
Tranquille, il voit couler le long cercle des temps;
De son vaste contour embrasse les campagnes,
Protége les vallons et commande aux montagnes.

Delille.

Voici la dissertation du docteur Paulet, relativement à l'æsculus de Virgile.

« La question principale, qui n'a point été agitée par les traducteurs, est de savoir quel est ce chêne majestueux appelé Æsculus par Virgile. On a hasardé bien des noms fait bien des conjectures à cet égard; mais l'on sait aujourd'hui, à n'en pouvoir douter, que c'est ce beau chêne du Levant, dont toutes les dentures sont terminées comme par une soie fine et rousse; chêne à gros glands, fort amers, l'un des arbres que les Grecs cultivent et recherchent avec le plus d'empressement.

» Le gland, qui est très-gros, est presque tout recouvert de sa cupule ou calice, creusé en manière de nombril; ce qui lui donne presque l'aspect d'un œil de chèvre : voilà pourquoi les anciens Grecs le nommait *Ægilops*, qui, selon Théophraste, est le plus droit et le plus beau qu'on connaisse, et dont le bois blanc était réservé pour les plus beaux ouvrages. Ce chêne qu'on observe encore, et que l'illustre Tournefort a remarqué, sur-tout dans l'île de Zia, donne lieu, par son gland et sa cupule, qu'on appelle *velani* ou *vélanède*, à une branche de commerce considérable de ce gland, qui est très-amer, mais très-astringent, très-propre à tanner les cuirs, et dont on se sert dans tout le Levant aujourd'hui. M. Olivier en a donné une description très exacte dans sa *Relation*, et bien meilleure que celle qu'en avaient donnée Miller, Jean Bauhin, qui n'avaient parlé que du gland. On observe que toutes ses feuilles, semblables à celles du châtaignier, sont d'un beau vert.

» L'Æsculus de Virgile n'est donc pas celui des Latins qui correspond au Phégos des Grecs; celui-ci est un petit chêne tortueux de Grèce, à petits glands doux, à feuilles profondément decoupées, presque pinnatifides, dont Jean Bauhin a donné la figure, sous le nom de *Phegos* ou *Esculus*, si mal interprété par tous nos traducteurs modernes, qui le rendent par *fagus*. »

(3) J'ai dit *observation populaire*, non avec l'idée de laisser croire que ce soit positivement une tradition tout-à-fait vulgaire, un *dire* des bonnes femmes du pays. Ailleurs et en Amérique surtout, des naturalistes, des savans ont fait la même remarque : elle est consignée dans plusieurs écrits qu'il faudrait lire pour se rendre compte de cette propriété de répulsion, que l'on n'attribue d'ailleurs à aucun autre arbre de la forêt de Fontainebleau.

(1) DOCUMENS SUR LA CULTURE DES PINS DANS LA FORÊT DE FONTAINEBLEAU.

« La culture des pins a été pratiquée en cette forêt en 1784; mais il paraît qu'elle y avait eu lieu bien plus anciennement, puisqu'il existe dans la ville une *rue des pins* et dans la forêt un triage nommé *parquet des pins*. Un procès-verbal de visite de toute la forêt, par M. de la Falnère, alors Grand-Maître, exprime que dans ce parquet existaient des pins âgés de 120 ans qu'il fit vendre en 1710 parce qu'ils étaient morts en cîme et en racine par suite de la grande gelée de 1709. Pendant ce grand hiver, il est à croire que tous les pins auront disparu et que l'on aura renoncé à les multiplier jusqu'en 1784. Il est évident que les pins dont parle M. de la Folnère, étaient des pins maritimes. Ce qui porte à le croire, c'est que pareille chose est arrivée en 1689 à tous les semis de cette essence faits dans les parties basses. Les pins semés dans les rochers ont souffert, mais ne sont pas morts. Les pins sylvestres du même âge, c'est-à-dire de 5 ans, n'ont éprouvé aucun dommage, soit dans les bas fonds, soit sur les hauteurs. C'est à M. de Cheyssac, qui avait été grand-maître des eaux et forêts du Languedoc et qui le devint de l'Ile-de-France, que l'on doit l'introduction du pin maritime dans la forêt de Fontainebleau; et à M. Lemonier, 1er médecin de la reine Marie-Antoinette qu'appartient le mérite de nous avoir enrichis du pin sylvestre.

» Ces deux espèces furent semées séparément et sans mélange; les graines de pins maritimes furent tirées des landes de Bordeaux, et celles de pins sylvestres vinrent du nord. Une grande prévention régna dans le principe contre cette sorte de boisement, bien que la levée des semis eût été admirable. On discontinua cette culture en 1789 pour ne la reprendre qu'en 1802; on la suspendit encore jusqu'en 1807, et ce n'est qu'en 1811 que les faits devinrent si évidens, qu'on se décida à entreprendre annuellement de nouveaux semis; mais toujours dans les rochers et dans les plus mauvais terrains. L'administration supérieure du temps, imbue des préjugés populaires, pensait que les pins ne devaient exister que dans les lieux les plus arides où la végétation de toute autre espèce d'arbres était impossible ; peu à peu les fausses idées se sont modifiées et le préjugé est devenu moins fort.

» C'est d'après cela que l'on couvre de pins tous les fonds dans lesquels la réussite des essences feuillues est incertaine et qu'on l'évalue à peu près au tiers de la surface de la forêt, c'est-à-dire à plus de 4000 hectares. On ne se tromperait peut-être même pas en disant que 6000 hectares conviennent mieux aux pins qu'à tout autre bois. Depuis que la destruction du gibier permet d'opérer sans entraves, on fait semer ou planter environ 200 ou 250 hectares par an. Cependant, eu égard aux accidens tels que la sécheresse, le ver blanc, etc., il faudra encore plus de quinze ans pour couvrir les trois ou 4000 hectares de terrains vagues, ou a peu près, qui exigent des pins.

» D'après l'aperçu qui vient d'être fait, le

boisement résineux de la forêt peut s'étendre aujourd'hui sur 2875 hectares.

» Plus tard, de grands produits résulteront successivement de cette nature de boisement, car dès l'âge de 6 ans, on peut commencer à élaguer et à éclaircir dans les jeunes semis en faisant peser l'éclaircissement sur les pins maritimes pour aider le développement des pins sylvestres, qui poussent moins vite dans les premières années; à 9 ou 10 ans, on peut encore recommencer l'éclaircie et l'élagage pour y revenir encore 6 à 7 ans après et ainsi de suite. Les premières opérations donnent 4 à 500 bourrées par hectare et on les fait faire en abandonnant une moitié des produits aux individus choisis pour ce travail. Ce mode a l'avantage de fournir un revenu sans bourse délier, de procurer du travail et du chauffage aux habitans des campagnes; mais lorsque l'on opère sur un semis d'une vingtaine d'années, la méthode change : on fait travailler à prix d'argent. Il n'a pas encore été fait de remarques sur le résultat des différens produits que donnent les éclaircies de pins. C'est un travail dont on s'occupe et pour lequel seront laissés des documens, car il faut plus d'une vie d'homme pour amener à son terme une futaie de pins maritimes et il en faut plusieurs pour voir couper en temps utile une futaie de pins sylvestres.

» La futaie du bas du mail d'Henri IV, n'a que 52 ans, et quoique d'une belle venue, elle est loin d'avoir les dimensions que le temps lui procurera.

» C'est en 1822 que M. de Larminat, alors conservateur de la forêt, vit à Metz les belles greffes herbacées de M. de Tchudi et qu'il en fit pratiquer sur des pins sylvestres de 5 ans; des essais semblables furent faits sur des pins maritimes; mais on reconnut qu'ayant 2 sèvres, ils n'étaient pas propres à recevoir les espèces qui n'en ont qu'une.

» La plus vieille futaie de la forêt est celle du Bas-Breau, sur la grande route de Paris près de Chailly. M. Barillon d'Amoncourt, grand-maître des eaux et forêts, indique cette futaie comme très vieille dans son procès-verbal de visite de l'année 1664; on présume qu'il doit s'y trouver des arbres de 450 à 500 ans. Les autres parties de vieilles futaies sont dans la tillaie, le gros Fouteau, le Nid de l'Aigle, la Mare aux Evées, le Chêne au Chien, la Queue de Foys, le Triage d'Ury et les Erables et Déluge. Toutes ces parties n'ont pas moins de 300 ans; sous le rapport forestier ces bois sont usés et devraient être replantés; mais on les conserve le plus long-temps possible comme monument de végétation que l'on ne retrouverait nulle part en France. »

Note communiquée.

(5) *Voici les Observations faites par le docteur Paulet, sur la morsure de la vipère de Fontainebleau.*

Dans l'été de 1799, un jeune enfant d'environ 6 ans, du hameau de Veneu-Nadon, fut mordu par une vipère au-dessus de la malléole interne; il mourut le lendemain des suites de cette morsure : sa jambe était devenue noire et très-gonflée. On apprit depuis, soit du chirurgien qui le soigna, M. *Wanner*, officier de santé à Thomery, soit de la mère de l'enfant, qu'il jeta un cri perçant, au moment où il fut mordu; qu'il fut atteint presqu'aussitôt d'une syncope convulsive, dans laquelle il rendit en vomissant le pain qu'il avait mangé et qu'il mangeait encore, au moment où il fut piqué; que son père lui fit une ligature à la jambe, au-dessus de la partie mordue, avec du genêt; que, monté sur un âne pour être conduit chez lui, l'enfant vomit plusieurs fois le long du chemin; que M. Wanner, qui le vit à cinq heures, le trouva très-faible, très-pâle, avec un pouls irrégulier, vomissant de la bile verte, et se plaignant de douleurs à la région épigastrique, c'est-à-dire au creux de l'estomac; que la partie mordue par la vipère était tuméfiée, pâle, dure, sans être très-douloureuse, marquée comme d'une tache livide au centre, et que la tuméfaction s'étendait sur une partie de la jambe; qu'on y fit deux mouchetures légères sur lesquelles on versa de l'alkali volatil, et de l'huile; qu'on y appliqua un emplâtre de thériaque; que l'alkali volatil fut donné antérieurement d'heure en heure à la dose de cinq gouttes dans une cuillerée de vin; que le lendemain la tumeur était livide, avait un caractère gangréneux, était devenue presque noire, et que l'enfant mourut, après avoir éprouvé des mouvemens convulsifs.

Au mois de juin 1804, des jeunes-gens de Recloses et de Villers-sous-Grès (deux villages enclavés dans la forêt de Fontainebleau), retournant chez eux, aperçoivent dans la forêt un serpent qui traverse la route et qu'ils prennent, au premier coup-d'œil pour une couleuvre ordinaire, mais qui les frappe par la beauté et la singularité de sa robe. Ces imprudens la prennent avec la baguette qu'ils avaient à la main, se la jettent l'un à l'autre, et finissent par la laisser. Le reptile se met en spirale, et l'un d'eux, le nommé *Fageau*, croyant mettre le pied sur sa tête, le met sur la queue; l'animal se retourne subitement et le mord au bas de la jambe. A peine est-il mordu, qu'il se trouve mal et tombe dans une défaillance, telle qu'elle est suivie d'une évacuation. On lui fait sur-le-champ deux ligatures, l'une, près de l'endroit mordu, l'autre à la cuisse, et on l'emmène en cet état à Villers-sous-Grès, son pays natal. Il se plaint de maux d'estomac, a des faiblesses fréquentes; la partie mordue et ses environs se tuméfient sensiblement : une personne de l'art, de Nemours, est appelée à son secours, mais ne peut s'y rendre que trente-six heures après l'accident. Elle trouve la partie mordue tuméfiée, ferme, avec des points gangréneux, le malade atteint de syncopes fréquentes, de vomissemens, de douleurs à la région épisgastrique. Pour le traitement local, on met en usage les escarotiques, sur-tout le beurre d'antimoine; intérieurement l'alkali volatil, les cordiaux, les anti-spasmodiques, les anti-septiques. Le malade meurt dans des mouvemens convulsifs.

Un troisième accident, de même nature, ou qui a paru tel aux personnes de l'art, est observé à Fontainebleau, à peu près dans le même temps. Un enfant de deux ans, des Pleux, faubourg de cette ville, est laissé par sa mère dans la cour, sur un fagot de bourrée, qu'elle venait d'apporter de la forêt. A son retour, elle voit son enfant atteint d'une tumeur à la joue. Cette tumeur était pâle, dure, rénitente, avec un centre livide sans être sensiblement douloureuse. On l'apporte chez un pharmacien de cette ville, qui lui applique un cataplasme résolutif avec l'onguent de la mère au centre, et lui conseille de voir un médecin ou un chirurgien. Le lendemain la tumeur était livide dans toute son étendue et occupait presque toute la face et une partie de la tête, sans que l'enfant témoignât de la douleur, puisqu'il riait encore ce jour-là. Un chirurgien consulté emploie divers secours : l'enfant meurt le lendemain, ou troisième jour. Des voisines assurent avoir vu une couleuvre dans la cour de la maison qu'habitait cette femme, la dame *Germain*, laquelle cour était remplie de grosses pierres et de ruines. Mais, la conformité des symptômes, c'est-à-dire la nature de la tumeur qui était la même que celle observée sur l'enfant de Veneux-Nadon; tumeur dure, peu douloureuse avec des points gangréneux au centre; le progrès qu'elle fit en peu de temps; tout donne lieu de croire qu'il n'y a pas eu d'autre cause de sa mort que la morsure d'une vipère, et que la tumeur qui en a résulté, n'a pu être le charbon malin ou *Anthrax*, comme quelques personnes l'avaient cru d'abord, mais avec lequel on ne saurait la confondre ; le charbon ayant un aspect, un caractère tout différens, puisqu'il est fort élevé, circonscrit, d'un rouge pourpre ou de feu et luisant, fort chaud au toucher et très douloureux avec un centre noir accompagné de beaucoup d'ardeur, de fièvre, etc. ce qui n'appartient pas à la tumeur dégnérant en gangrène produite par la morsure d'une vipère, et qui est pâle d'abord, et cause plutôt un sentiment de froid ou d'engourdissement, qu'une douleur vive et ardente.

Premiers remèdes indiqués par le docteur Paulet, contre la morsure de la vipère.

En cas qu'on soit mordu par une vipère (elles habitent ordinairement les endroits secs, stériles, et par conséquent à ronces et à épines); on prend une de ces plantes au risque de se piquer. On en fouette vivement la partie, qu'on peut lier en même temps au-dessus de l'endroit mordu, et qu'on pique avec ces épines jusqu'à ce que le sang coule abondamment. En supposant qu'on n'ait ni ronces, ni épines, ni orties même qui ne peuvent pas nuire, dans ce cas, en excitant une vive irritation, l'on peut avoir des épingles, un canif, un couteau, et on a le courage de faire une ouverture à la partie non en travers, mais en long suivant le sens de l'extrémité. Cela donne le temps d'atteindre une habitation quelconque, où une tasse, un gobelet, peut servir de ventouse, en y mettant ou de la filasse ou du linge, auxquels on met le feu, après y avoir jeté un peu d'eau-de-vie, et l'appliquant avec la flamme sur la partie mordue, qui rougit alors, se gonfle et facilite l'effusion du sang et des humeurs, qu'on procure au moyen des incisions qu'on y fait avec un instrument tranchant quelconque. Immédiatement après on applique dessus des linges imbibés d'eau-de-vie camphrée ou d'eau-de-vie simple, si l'on manque de camphre. On fait boire un peu de vin au malade, en attendant d'autres secours, tels que ceux qu'on a indiqués.

Tels sont les remèdes simples et non superstitieux qu'il convient d'employer dans ce cas. On serait dans une grande erreur et on risquerait beaucoup, si l'on s'en rapportait, en pareille circonstance, à des empyriques qui disent avoir des secrets merveilleux, infaillibles, et qu'on négligeât ceux qu'on vient d'indiquer.

(6) Dans l'ancien régime, la capitainerie des chasses de Fontainebleau s'étendait à plusieurs lieues, sur tous les points en dehors de la forêt. Le droit d'y chasser était exclusivement réservé au souverain, et sans aucune indemnité pour les propriétaires riverains, qui étaient obligés de supporter sans mot dire les dégâts que les bêtes fauves y causaient. Sous l'empire les choses continuèrent sur le même pied : aucune réclamation ne fut élevée, et, cependant, à cette époque, les sangliers et les lapins très-nombreux dans la forêt, saccageaient toutes les propriétés riveraines.

Sous la restauration les habitans commencèrent à se plaindre. Les tribunaux furent appelés en 1817 à juger la question, et condamnèrent la liste civile à payer des indemnités équivalentes aux pertes. La somme a augmenté d'années en années de telle manière qu'en 1830 elle sélevait à plus de soixante mille francs. La fraude y entrait bien pour quelque chose ; on labourait, on ensemençait les terres les plus incultes, les plus improductives, ce travail, objet de spéculation, était très mal exécuté et on n'en exigeait pas moins le prix de la récolte évaluée au taux de celle qui eut pu être faite dans les meilleurs terrains de la Brie. Il fallut subir la loi des riverains, puisqu'il y avait réellement dommage. On eut pu, à la vérité, intenter des actions, demander des expertises judiciaires ; mais les frais effrayèrent, on se tût et on paya.

« (7) L'exaltation religieuse, chez les peuples de l'antiquité, dans le moyen-âge et jusqu'au XVe siècle, couvrit le globe habité de monumens dont il reste encore, en beaucoup d'endroits, de précieux vestiges. Si par fois la politique entra pour quelque chose dans leur construction, elle n'y apparaît qu'inaperçue et tellement groupée au principe religieux, qu'elle semble ne faire qu'une seule et même chose avec lui. Voilà pourquoi, dans presque tous les pays du monde civilisé, les princiaux monumens subsistant encore ou ceux qui, entièrement détruits par les siècles, n'arrivent jusqu'à nous que traditionnellement, sont des temples, des églises, des oratoires et des mausolées. Les palais, les châteaux, les forteresses, les maisons religieuses, sont, eux aussi, de véritables monumens dont la structure, la richesse de l'architecture et des décorations, prouvent l'estime qu'on a toujours fait des beaux-arts dans presque toutes les contrées de la terre; mais ils ne doivent, à mon avis, être placés qu'en seconde ligne. Pour établir sur des preuves ce que j'avance, on n'a qu'à porter ses regards sur ces mêmes palais, ces châteaux, ces forteresses, ces couvens et ces abbayes; le lieu où, dans leur enceinte, l'imagination attâchait ce qu'elle enfantait de plus majestueux, de plus beau ou de plus frappant; ce lieu, c'était le temple, l'église, la chapelle, l'oratoire ou les mausolées élevés aux souvenirs religieux des hommes. Voilà ce qu'on voit partout; et, en parcourant quelques localités historiques du département de Seine-et-Marne, voilà ce que j'ai remarqué, moi; ce que tont le monde peut aisément vérifier, ce qui existait dans l'ancienne abbaye de Barbeau, que je vais faire en sorte d'exhumer de la poussière des chroniques, et mettre, s'il m'est possible, sous les yeux de mes lecteurs, comme dans un panorama.

«Non loin de Fontainebleau, à deux lieues environ de cette ville, sur la rive droite de la Seine, presqu'en face du village de Samois, on voit une vaste et belle maison de construction moderne, simple et régulière. Abandonnée depuis l'invasion des peuples du Nord, en 1814, et depuis ce temps-là confiée à la garde d'un concierge qui n'a rien à garder que des murs, cette maison, qui fut le refuge d'un certain nombre d'orphelines des membres de la Légion-d'Honneur, sous l'empire, à cette grande époque, remarquable par plusieurs créations philantropiques, contrastant si peu avec les guerres interminables qui la distinguent; cette maison, dis-je, s'élève sur les ruines de l'ancienne et riche abbaye de Barbeau. *Barbellus*.

» Ce nom, aussi original que la fable qui lui a donné naissance, a besoin qu'elle soit racontée pour être bien comprise.

» Dans le XIe siècle, dans ce siècle d'ignorance

où cependant des constructions monumentales d'une haute science s'élevèrent, un pêcheur de Samois prit dans ses filets un barbeau d'une taille gigantesque que, depuis plusieurs années, la Seine nourrissait au milieu de ses eaux, tantôt bourbeuses, tantôt limpides. Ce monstrueux poisson fut acquis par les moines d'un couvent voisin, (on sait, soit dit en passant, que les plus beaux et les meilleurs morceaux étaient pour eux) ; et livré à la cuisine pour paraître ensuite sur la table de l'abbé d'une manière convenable. Le frère *servant*, en le dépouillant de ses écailles et lui ôtant du corps ce qui pouvait être désagréable au goût, trouva dans l'estomac un gros diamant d'une rare beauté et d'une grande valeur. Cette pierre précieuse fut vendue, et du produit immense de la vente, l'abbaye de Barbeau fut construite vis-à-vis de l'endroit même où le miraculeux poisson avait été tiré de la Seine.

» Une charte, donnée par Louis-le-Jeune, par ce roi qu'à tort ou à raison on regarde comme le fondateur du palais de Fontainebleau, consacra l'établissement de la nouvelle abbaye. La féodalité qui créa le blason, chose extrêmement respectable à cause de son antiquité, l'appliqua, sans autre distinction que dans la forme, aux propriétaires de fiefs militaires, civils et ecclésiastiques. Chaque couvent, chaque abbaye avait ses armoiries. Barbeau prit les siennes; c'était bien juste, il venait de faire une assez belle conquête sur les eaux de la Seine, et les composa de deux poissons ressemblant à l'espèce de celui qui était le principe de l'existence d'une nouvelle maison religieuse : trois fleurs de lys y furent ajoutées, sans doute à cause de la charte de consécration; il fallait bien flatter l'amour-propre de celui qui y avait apposé le seing de ses armes royales. Le tout ressortait sur un fond de gueules, et faisait un grand effet sur le fronton du vaste édifice dans lequel, chaque année, venaient s'engloutir soixante mille livres de rente.

» Les bâtimens primitifs de l'abbaye de Barbeau, informe manoir du XIe siècle, étant tombés dans un complet dépérissement, force fut aux moines de les rétablir. La maison fut rasée en 1788, et sur ses fondations s'élevèrent les constructions que nous voyons aujourd'hui; les travaux n'étaient pas terminés au moment de la révolution en 1793, à cette époque désastreuse, où la hache révolutionnaire frappait à coups redoublés la morale publique et le sentiment religieux qui en est le sanctuaire. Barbeau eut le sort de tous les couvens; il fut vendu, et devint la propriété d'une comédienne. La chapelle, monument gothique des plus remarquables, disparut, et les riches sculptures qui la décoraient, dans l'intérieur comme à l'extérieur, furent enlevées. On ignore ce que ces précieux débris sont devenus.

» Cette chapelle, construite en forme de croix latine, avec un seul portail faisant face à la Seine, était de forme oblongue, assez vaste et bien éclairée. Le grand autel, d'une magnificence et d'un travail admirables, était en pierres tendres, couvertes d'une multitude de figures et d'ornemens sculptés avec un goût et une délicatesse rares. Le sacré y était mêlé au profane d'une manière tout-à-fait bizarre. On y voyait des saints et des amours nus, avec leurs attributs caractéristiques; des satyres, entremêlés de têtes de morts. Les médaillons, sur fond bleu, ressemblaient à des camées antiques. Les stales en bois qui entouraient l'autel étaient un chef-d'œuvre de sculpture d'une exécution parfaite, rappelant cette grande époque de la renaissance, qui posa dans la civilisation française une borne milliaire dont celle du règne de Louis XIV n'est que la conséquence.

» Tel on voit le colon ambitieux tracer pas à pas les limites de la propriété qu'il veut envahir, telle on a vu cette civilisation bienfaisante marcher à pas de géant, devenir géant elle-même sous l'égide du grand roi; puis, fatiguée de sa haute stature, se courber, vieillir, décrépir, et, malgré sa faiblesse, résister au choc qui doit l'emporter dans le néant, comme tout ce qui est sorti de la main du créateur.

» C'est là le sort réservé à toutes les choses humaines; l'abbaye de Barbeau l'a subi; exhumons donc de ses cendres ce que l'histoire nous en a conservé, et continuons :

» Dans l'église on remarquait plusieurs tombes très-anciennes, enrichies de décorations, d'hiéroglyphes, de chiffres et d'armes. La plus intéressante était celle du roi Louis VII, dont les restes mortels avaient été confiés à la garde des Bernardins de Barbeau. Sous Charles IX, cette tombe fut ouverte, et les historiens assurent qu'à cette époque le corps de Louis-le-Jeune fut trouvé entier et dans un état parfait de conservation. Le collier et les bagues du héros de la deuxième croisade, enlevés par ordre du digne fils de Catherine de Médicis, ornèrent le cou et les doigts de ce roi sanguinaire, jusqu'au moment où, rongé de remords, accablé sous le poids d'une *désaffection* bien méritée, il alla rendre compte à l'auteur de toutes choses de ses forfaits et des crimes dont il avait souillé son court mais encore trop long règne.

» La deuxième tombe qui offrait de l'intérêt, était celle du célèbre peintre Fréminet, successeur de Dubreuil, près du roi Henri IV. C'est à ce grand artiste qu'est due la décoration de la chapelle de Fontainebleau, dans laquelle il peignit lui-même, à l'huile, sur plâtre, trente-huit tableaux magnifiques d'histoire sacrée. Quant aux autres pierres tumulaires, elles ne recouvraient aucuns noms historiques; là étaient enfouis les restes d'hommes inutiles, qui avaient passé leur vie dans l'oisiveté et les plaisirs.

» En 1793, toutes ces tombes, livrées à la fureur du génie infernal qui planait alors sur la France, furent fouillées. L'abbé Lejeune, depuis curé du village de Chartrêtes, et alors procureur de l'abbaye de Barbeau, sauva les cendres de Louis VII et les cacha soigneusement. Napoléon, vainqueur de l'anarchie révolutionnaire, appelant à son aide tous les souvenirs monarchiques pour fonder sous leurs ailes protectrices un nouvel ordre de choses, mit un certain orgueil à faire rendre aux restes d'un roi les hommages qu'il voulait lui-même accumuler sur sa tête couronnée. Par ses ordres, la grande chancellerie de l'ordre de la Légion-d'Honneur fit l'acquisition de l'abbaye de Barbeau. Des orphelines de héros morts à côté du grand capitaine y furent placées sous la direction d'une femme distinguée par son mérite, ses hautes conceptions et sa grande bonté, madame Delézeau, et n'en sortirent qu'en janvier 1814, pour n'y plus rentrer désormais.

» Depuis cette époque, je me suis souvent demandé pourquoi la maison de Barbeau n'était point utilisée? Pourquoi, si bien placée par sa position topographique pour recevoir un de ces établissemens philantropiques, que l'on trouve dans plusieurs départemens de la France, on n'avait pas tenté de le former? ou bien pourquoi on ne la mettait pas entre les mains d'un honorable et riche industriel qui y ferait exister honorablement quelques centaines d'hommes éloignés de la contagion des villes. La chancellerie de la Légion-d'Honneur y gagnerait...... La somme produite par la vente de cette maison vide et inutile viendrait augmenter les revenus de l'ordre; tout le monde applaudirait, parce que, quoiqu'on en dise, en France on applaudit toujours à ce qui est bien. » E. Jamin.

(Chronique de Seine-et-Marne).

(8) Je pense que cette dénomination de *Chemin des Ligueurs* convient à cette route beaucoup mieux que toute autre. Par suite des recherches que j'ai faites, je suis porté à croire qu'elle date de l'époque où le jeune roi Charles neuf fut enlevé de vive force de Fontainebleau et transporté à Melun, puis à Paris.

Voici d'ailleurs ce que j'ai écrit à ce sujet en 1834 dans la notice publiée sur cette résidence royale; c'est un extrait du livre intitulé *Esprit de la Ligue*, le plus remarquable qui soit sorti de la plume de l'historien Anquetil.

En 1562, le duc de Guise, le maréchal de Saint-André et le connétable de Montmorency, agissant, de concert, pour détruire l'autorité de Catherine de Médicis, et l'influence qu'elle pourrait avoir sur son fils encore enfant, se décidèrent à faire un coup de main sur Fontainebleau où se trouvait la cour, et à enlever le jeune roi Charles IX. Ils partirent brusquement de Paris, escortés d'une nombreuse cavalerie, et arrivèrent dans cette résidence royale à l'improviste. Les troupes furent rangées en bataille sur les différens points du château, pendant que les Triumvirs se rendaient chez la reine-mère, et lui faisaient part de leur audacieux projet, en lui laissant l'alternative de suivre son fils, ou de se retirer dans le lieu qui lui conviendrait. Catherine, au désespoir, résiste pendant quelques heures; mais en attendant les appartemens se démeublaient, les bagages de la cour étaient chargés, et les troupes mises en ligne pour partir : elle se décide enfin à monter en voiture, tenant dans ses bras l'enfant royal qui pleurait comme si on l'eût mené en prison.

La cour arriva dans cet appareil lugubre à Melun, et deux jours après elle entrait dans Paris aux acclamations d'une populace fanatisée et soudoyée par le Triumvirat.

(9) Des hauteurs de la forêt qui bordent la rivière de Loing on découvre, à une distance peu éloignée, le château de Berville, retraite momentanée du célèbre général polonais Kosciuszko. Il n'est pas je crois hors de propos d'insérer ici une notice publiée en 1836 sur le séjour de cet homme remarquable, et à l'occasion même de l'érection, dans nos contrées, d'un monument qui lui est élevé par les soins des habitans de Montigny, Sorques, la Genevraie, etc., reconnaissans des témoignages de bienveillance et d'intérêt qu'il leur prodiguait.

» A la fin du dernier siècle, après sa longue captivité à St-Pétersbourg et son dernier voyage en Amérique, Kosciuszko vint en France, où il se lia de la plus intime amitié avec M. de Zeltner, né à Soleure, en Suisse, et alors ministre plénipotentiaire de la république Helvétique auprès du gouvernement français.

» Fatigués l'un et l'autre de la vie politique, les deux amis se retirèrent au château de Berville, dans les environs de Fontainebleau; là, pendant quinze années, ils s'occupèrent d'agriculture, et, en améliorant la terre de Berville, ils répandirent de grands bienfaits en établissant des usines, en faisant travailler les habitans et leur enseignant un nouveau genre de culture.

» Les mœurs simples de Kosciuszko, et sa bonté, rendirent sa mémoire bien chère dans le pays où il passa les dernières années de sa vie; malgré la médiocrité de sa fortune, il soulageait tous les malheureux qui s'adressaient à lui.

» Bien qu'éloigné de sa patrie, dans laquelle il n'avait qu'un bien faible espoir de retourner un jour, il s'occupait des moyens d'améliorer le sort misérable des paysans polonais. C'est dans ce but qu'il s'astreignit pendant près d'une année à faire, chaque jour, un long trajet pour aller s'enfermer dans l'humble chaumière d'un sabotier et apprendre à faire des sabots, dans la seule espérance que peut-être un jour il pourrait enseigner ce métier si utile aux pauvres de son pays.

» Parrain de la plus jeune fille de M. de Zeltner, et tout-à-fait incorporé à sa famille, il partagea avec lui et sa digne épouse les soins qu'ils donnaient à l'éducation de leurs enfans, qu'il traita plus tard comme les siens en les dotant et en emmenant avec lui Frantz de Zeltner en qualité d'aide-de-camp. Trompé par de décevantes promesses, il se rendit en 1815 au congrès de Vienne, où la haute dignité de généralissime des troupes polonaises lui fut offerte; mais les libertés qu'il réclamait pour la Pologne n'ayant point été accordées, il refusa ce titre.

» Pendant son séjour chez M. Zeltner, il rendit au village où était situé le château de Berville, un service trop signalé pour ne point le rapporter ici. En 1814, lors de la première invasion des troupes étrangères, les Kosaks s'approchant de Fontainebleau, menaçaient de pillage tout ce qui se trouvait sur leur passage : les habitans des environs de Berville vinrent réclamer la protection de Kosciuszko, qui chargea le fils de son ami d'aller demander de sa part une sauve-garde à l'attaman Platoff, qui l'accorda à cet homme si redouté du gouvernement russe, avec un empressement et en des termes qui prouvaient la haute estime que ses ennemis même ressentaient pour Kosciuszko.

» Ce fut à cette époque qu'il eut plusieurs entrevues avec l'empereur Alexandre, à la suite desquelles il partit pour Vienne avec Frantz de Zeltner. Il ne tarda pas à s'apercevoir que les promesses qu'on lui avait faites n'étaient qu'un leurre pour l'attirer dans les intérêts de la Russie. Voyant ses espérances déçues, il fut à Soleure, en Suisse, où il séjourna quelque temps pour être plus à portée du théâtre des discussions politiques. Là, il apprit la mort de madame de Zeltner qui, par testament, léguait à Kosciuszko, comme souvenir d'amitié, la jouissance de l'appartement qu'il occupait à Berville et du jardin anglais qu'il avait tracé et cultivé de ses mains.

» Le congrès de Vienne terminé, il vit qu'il ne devait plus rien attendre de la diplomatie européenne pour l'affranchissement de la Pologne, et il se préparait à revenir en France finir sa glorieuse et pénible vie au milieu de sa famille adoptive, quand, à la veille de partir, le 12 octobre, il fut atteint d'une cruelle maladie (du typhus), et le 15 octobre 1819, âgé de 71 ans, il rendit à Dieu son ame pure et vertueuse.

» Alexandre, pressé par les Polonais, se crut obligé de rendre à la mémoire de Kosciuszko un éclatant hommage : son corps fut déposé dans la sépulture des rois de Pologne à Krakovie, et M. de Zeltner, accompagné du prince Jablonowski, fut chargé par l'empereur de l'y conduire.

» Un trait principal de son caractère et qui mérite d'être cité, fut le total oubli qu'il fit toujours de ses intérêts personnels. Le plus brillant avenir lui fut offert par la Russie, qui espérait par là faire fléchir ses exigences pour la Pologne, mais toutes les tentatives furent inutiles; sa grande ame n'avait qu'une ambition, celle du bonheur de sa patrie.

» Après la perte de son épouse et de Kosciuszko, le vénérable M. de Zeltner voulut quitter la

France; il vendit Berville et retourna en Suisse, où il mourut en 1829. »

(10) C'est le premier chemin de fer qui sera vu dans ce pays, le moins susceptible d'en avoir. En ce moment il est poussé avec la plus grande activité et l'on espère qu'il sera terminé avant le mois d'octobre prochain. Par ce moyen, le pavé sera transporté à meilleur marché et Paris en profitera.

(11) Une scène tout-à-fait militaire a marqué le départ du 6e léger et a achevé de prouver combien sa *fraternisation* avec le 4e hussards avait été franche et cordiale.

C'était le 10 juin, avant l'aube du jour; il était trois heures du matin : tout le monde sommeillait à Fontainebleau et au camp. Mais l'état-major du 4e hussards ne dormait pas; il faisait ses dispositions pour surprendre les hôtes qu'il avait si bien accueillis à leur arrivée : des jambons, des paniers de vin de Champagne, du pain, des pâtés, enfin tous les préparatifs nécessaires pour un déjeuner impromptu se faisaient au quartier Saint-Honoré. A deux heures, le cortége portant et accompagnant les *comestibles* et le *liquide* se met en marche au milieu du plus profond silence. Il est suivi de près par le corps d'officiers ayant à sa tête le colonel, M. Fortuné de Brack, précédé de toute la musique de son régiment.

Ils arrivent en tapinois sur le front de bandière du camp. Une sentinelle crie : *qui vive!* La musique du 4ᵉ hussards y répond par le son du réveil.

On ne saurait se figurer la surprise et l'étonnement des officiers, sous-officiers et soldats du 6ᵉ léger ; ils ne savent ce que signifie une pareille démonstration. Tout le monde court aux armes à demi-habillé : le camp est en émoi ; mais bientôt il est rassuré : le colonel de Brack s'avança à la tête de son état-major et annonce que lui et son corps d'officiers viennent faire leurs adieux à leurs frères d'armes.

Pendant l'agréable colloque qui a lieu entre tous ces braves, les tables sont dressées. . . chacun s'approche . . . le Champagne coule à longs traits.

On fraternise de plus belle : des larmes d'attendrissement coulent des yeux des grognards les plus habitués à toute espèce d'émotions. Enfin l'heure du départ arrive; les tambours et les clairons, mêlés à la musique du 4ᵉ hussards, l'annoncent avec fracas. Le dernier verre de Champagne est versé... on se fait le dernier adieu... chacun va reprendre son rang... les bataillons se mettent en mouvement... une marche militaire annonce qu'il faut emboîter le pas, et les trompettes et trombones ne se séparent des tambours et clairons que sur la hauteur de la route de Paris, à la croix du *Grand-Veneur*, à plus de trois-quarts de lieue de Fontainebleau.

FIN DES NOTES.

Table des Matières.

FIN DE LA TABLE.

www.ingramcontent.com/pod-product-compliance
Ingram Content Group UK Ltd.
Pitfield, Milton Keynes, MK11 3LW, UK
UKHW020437200726
13857UKWH00002B/464